上海市工程建设规范

木结构加固技术标准

Technical standard for strengthening of timber structures

DG/TJ 08—2332—2020

J 15293—2020

主编单位:上海建工集团股份有限公司

　　　　　上海建工四建集团有限公司

批准部门:上海市住房和城乡建设管理委员会

施行日期:2021 年 2 月 1 日

同济大学出版社

2020　上海

图书在版编目(CIP)数据

木结构加固技术标准/上海建工集团股份有限公司，上海建工四建集团有限公司主编. —上海：同济大学出版社，2020.12

ISBN 978-7-5608-9548-2

Ⅰ. ①木… Ⅱ. ①上… ②上… Ⅲ. ①建筑结构—木结构—加固—技术标准 Ⅳ. ①TU366.2-65

中国版本图书馆 CIP 数据核字(2020)第 195787 号

木结构加固技术标准

上海建工集团股份有限公司
上海建工四建集团有限公司 **主编**

策划编辑 张平官

责任编辑 朱 勇

责任校对 徐春莲

封面设计 陈益平

出版发行 同济大学出版社 www.tongjipress.com.cn

(地址：上海市四平路 1239 号 邮编：200092 电话：021－65985622)

经 销 全国各地新华书店

印 刷 浦江求真印务有限公司

开 本 889mm×1194mm 1/32

印 张 2.5

字 数 67 000

版 次 2020 年 12 月第 1 版 2020 年 12 月第 1 次印刷

书 号 ISBN 978-7-5608-9548-2

定 价 25.00 元

上海市住房和城乡建设管理委员会文件

沪建标定〔2020〕433 号

上海市住房和城乡建设管理委员会
关于批准《木结构加固技术标准》为上海市
工程建设规范的通知

各有关单位：

由上海建工集团股份有限公司和上海建工四建集团有限公司主编的《木结构加固技术标准》，经我委审核，现批准为上海市工程建设规范，统一编号为 DG/TJ 08—2332—2020，自 2021 年 2 月 1 日起实施。

本规范由上海市住房和城乡建设管理委员会负责管理，上海建工集团股份有限公司负责解释。

特此通知。

上海市住房和城乡建设管理委员会

二〇二〇年八月二十四日

前　言

根据上海市住房和城乡建设管理委员会《关于印发〈2017 年上海市工程建设规范编制计划〉的通知》(沪建标定〔2016〕1076 号)的要求,标准编制组经广泛的调查研究,认真总结实践经验,并参照国内外相关标准和规范,在反复征求意见的基础上,制定本标准。

本标准主要内容有:总则;术语;基本规定;材料;方木原木结构加固;胶合木结构加固;轻型木结构加固;施工安全与质量。

各单位及相关人员在执行本标准过程中,如有意见和建议,请反馈至上海市住房和城乡建设管理委员会(地址:上海市大沽路 100 号;邮编:200003;E-mail:bzgl@zjw.sh.gov.cn),上海建工集团股份有限公司(地址:上海市东大名路 666 号;邮编:200080;E-mail:scgbzgfs@163.com),或上海市建筑建材业市场管理总站(地址:上海市小木桥路 683 号;邮编:200032;E-mail:bzglk@zjw.sh.gov.cn),以供今后修订时参考。

主 编 单 位:上海建工集团股份有限公司
上海建工四建集团有限公司
参 编 单 位:同济大学
上海市建筑科学研究院有限公司
中国林业科学研究院木材工业研究所
南京工业大学
上海市园林工程有限公司
主要起草人:张　铭　韩振华　谷志旺　曹文根　熊海贝
张富文　周海宾　王伟茂　武国芳　陈　溪
江佳斐　尹婷婷　岳　孔　宋博骐　叶素芬

余秋鹏　廖　辉　张梓升

主要审查人:何敏娟　许清风　宋晓滨　谢永健　梁　峰

和文哲　郭苏夷

上海市建筑建材业市场管理总站

目　次

Contents

1 总 则

1.0.1 为在木结构加固过程中做到技术先进、安全可靠、经济合理、保障质量和保护环境,制定本标准。

1.0.2 本标准适用于本市房屋建筑中木结构加固的设计、施工与验收。

1.0.3 木结构加固前,应根据建筑物的种类,按现行国家标准《工业建筑可靠性鉴定标准》GB 50144、《民用建筑可靠性鉴定标准》GB 50292 和现行上海市工程建设规范《房屋质量检测规程》DG/TJ 08—79 等相关标准进行检测鉴定。当与抗震加固结合进行时,尚应按现行国家标准《建筑抗震鉴定标准》GB 50023 和现行上海市工程建设规范《建筑抗震设计规程》DGJ 08—9、《现有建筑抗震鉴定与加固规程》DGJ 08—81 等相关标准进行抗震能力鉴定。

1.0.4 木结构加固除应符合本标准外,尚应符合国家、行业和本市现行有关标准的规定。

2 术语

2.0.1 木结构 timber structures

采用以木材为主制作的构件承重的结构。

2.0.2 方木原木结构 sawn and log timber structures

承重构件主要采用方木或原木制作的建筑结构。

2.0.3 胶合木结构 glued laminated timber structures

承重构件主要采用胶合木制作的建筑结构，也称层板胶合木结构。

2.0.4 轻型木结构 light wood frame structures

用规格材及木基结构板材或石膏板制作的木构架墙体、木楼盖和木屋盖系统等的全部或部分组成的结构体系，简称为轻木结构。

2.0.5 木结构加固 strengthening of timber structures

对既有木结构的承重结构、构件及其相关部分采取增强、局部更换或调整其内力等措施，使其满足现行标准规范的安全性、适用性和耐久性要求。

2.0.6 增强构件加固法 structure member strengthening with external materials

增大构件截面面积或采用增强材料增加构件强度，对原结构进行加固补强的方法。

2.0.7 局部修接加固法 structure member strengthening with local prosthesis

清理或切除构件的缺陷部分，采用增强材料填补或替换进行局部修复，并实现结构连续性的加固方法。

2.0.8 置换构件加固法 strengthening with removal and replacement of elements

拆除原构件，采用新构件替换原构件的加固方法。

2.0.9 增加构件加固法 strengthening with adding elements

在原结构构件以外增设新构件的加固方法。

2.0.10 化学加固 chemical reinforcement

采用化学溶液、树脂、胶粘剂或砂浆等材料，灌入木构件的孔洞或缝隙中，通过浆液凝固填补进行修复加固的方法。

2.0.11 木构架 timber frame

以木制构件承重，以榫卯为主要连接方式的中国式构架结构。根据构造方法的不同，分为抬梁式木构架和穿斗式木构架。

2.0.12 修整加固 strengthening method by repairing

在不揭除瓦顶和不拆动构架的情况下，直接对木构架进行整体加固。这种方法适用于木构架变形较小，构件位移不大，不需打牮拨正的维修工程。

2.0.13 打牮拨正 strengthening method to reset the components

在不拆落木构架的情况下，使倾斜、扭转、拔榫的构件复位，再进行整体加固。对个别残损严重的梁枋、斗栱、柱等应同时进行更换或采取其他修补加固措施。

2.0.14 落架大修 strengthening method by removing all or part of the timber frame

全部或局部拆落木构架，对残损构件或残损点逐个进行修整，更换残损严重的构件，再重新安装，并在安装时进行整体加固。

2.0.15 剪力墙 shear wall

面板采用木基结构板材或石膏板、墙骨柱采用规格材，构成的用以承受竖向和水平作用的墙体。

3 基本规定

3.1 一般规定

3.1.1 木结构经检测鉴定确认需要加固时，应根据鉴定结论，按本标准的规定并结合委托方的要求进行加固。加固的范围，可按整幢建筑物或其中某独立区段确定，也可按指定的结构、构件或连接确定，但均应考虑该结构的整体安全性。

3.1.2 加固设计应符合下列规定：

1 应减少对原结构的损伤、更换或拆除，保留具有利用价值的结构构件。

2 对因高温、高湿、虫蛀等因素而引发的原结构损坏，应提出有效的防治措施。

3.1.3 加固时连接处应避免木构件出现横纹受拉破坏。

3.1.4 加固施工应符合下列规定：

1 需要置换构件时，应先卸载后加固。

2 梁式构件加固使用支顶方式时，顶起的反拱值不应大于构件的挠度限值。

3 应采取预防结构倾斜、开裂或局部倒塌的措施。

4 发现原结构或相关工程隐蔽部位的构造有严重缺陷时，应会同设计单位采取有效处理措施。

3.1.5 主要结构木构件符合下列任一情况，加固时必须进行防腐、防潮和防虫处理：

1 长期暴露在室外。

2 长期处于通风不良且潮湿的环境。

3 采用易腐朽或遭虫害的木材。

3.1.6 对使用胶粘方法或掺有聚合物材料加固的木构件，应定期检查其工作状态。检查的时间间隔可由设计单位确定，首次检查时间不应迟于10年。

3.2 设计计算原则

3.2.1 木结构加固设计应采用以概率论为基础的极限状态设计法，并应符合现行国家标准《木结构设计标准》GB 50005的相关规定。

3.2.2 木结构加固设计后续使用年限应由委托方和设计单位共同商定，应考虑后续建筑用途和使用环境因素，后续使用年限不宜低于30年。

3.2.3 木结构加固设计的承载能力极限状态和正常使用极限状态的验算，应符合下列规定：

1 结构上作用荷载的标准值或代表值，应符合现行国家标准《建筑结构荷载规范》GB 50009和本标准附录A的规定，并应经调查或检测核实。

2 结构的计算简图应根据结构的实际受力状况确定。

3 结构构件承载力验算时结构构件的计算截面，应采用实际有效截面，并考虑结构加固时的实际受力程度、加固部分的应变滞后特点以及加固部分与原结构协同工作程度。

4 采用夹接和托接加固时，夹板的长度，螺栓的规格、数量及间距，应根据计算及相关标准的规定确定。

5 加固后改变传力路线或结构重量增大时，应对相关结构、构件及建筑物基础进行验算。

3.2.4 木构架的加固应采用相应的抗震加固方法，可不进行抗震验算。其他方木原木结构、胶合木结构和轻型木结构应进行抗震验算，并应符合现行国家标准《木结构设计标准》GB 50005的相关规定。

3.3 加固方法

3.3.1 加固方法的确定应考虑加固效果、施工难度、材料特性以及对环境的影响等因素。

3.3.2 当构件材质因开裂、腐朽、虫蛀等问题损坏严重或变形严重，需要提高结构承载力、刚度或满足正常使用要求时，可采用粘贴钢板加固、螺栓连接钢板加固或粘贴纤维复合材等增强构件加固法。

3.3.3 当构件部分材质因开裂、腐朽、虫蛀等问题损坏严重，而其余部分尚好，对构件的缺陷部分进行局部修复仍能满足结构承载力或正常使用要求时，可采用木材贴补、夹接加固、托接加固、墩接加固或化学加固等局部修接加固法。

3.3.4 当原结构体系明显不合理、变形过大或承载力不足时，可采用增设墙体、支撑、柱子、抗拔锚固件或拉杆等增加构件加固法。

3.3.5 当其他方式加固不可行或不经济时，可采用置换构件加固法。

3.3.6 木结构抗震加固可采用增设墙揽、拉结钢筋和耗能支撑等方法。

4 材 料

4.1 木 材

4.1.1 木结构加固用木材宜与原结构材料性能匹配，其主要力学性能不得低于原结构构件的性能。

4.1.2 木结构加固用木材可采用方木、原木、板材、规格材、胶合木、结构复合木材、木基结构板等，其性能应符合下列规定：

1 方木、原木和板材可选用目测分级规格材，应根据现行国家标准《木结构设计标准》GB 50005 的相关规定，选择相应等级木材及材料性能指标。

2 规格材可选用目测分级规格材或机械应力分级规格材，应根据现行国家标准《木结构设计标准》GB 50005 的相关规定，选择相应等级规格材及材料性能指标。

3 胶合木应根据现行国家标准《木结构设计标准》GB 50005、《胶合木结构技术规范》GB/T 50708 和《结构用集成材》GB/T 26899 的相关规定，选择相应等级胶合木及材料性能指标。

4 结构复合木材可选用旋切板胶合木（单板层积材）、平行木片胶合木（单板条层积材）、层叠木片胶合木（刨花层积材）或定向木片胶合木（定向刨花层积材），以及其他具有类似特征的复合木产品，其性能应符合现行国家和行业相关标准的规定。

5 木基结构板可选用结构胶合板或定向刨花板，使用时应符合现行国家标准《木结构设计标准》GB 50005、《木结构覆面用胶合板》GB/T 22349 和现行行业标准《轻型木结构建筑覆面板用定向刨花板》LY/T 2389 的规定。

6 其他木材的性能要求应符合现行国家、行业和地方标准规定。

4.1.3 木结构加固用木材的含水率应符合现行国家标准《木结构设计标准》GB 50005 对结构材含水率的控制要求，与被加固木构件含水率的差异不宜大于5%。

4.1.4 根据使用环境和生物危害程度，应按现行国家标准《木结构设计标准》GB 50005 对加固用木材进行必要的防护处理。

4.2 钢材及金属连接件

4.2.1 木结构加固用钢材或金属连接件应根据原结构特点及加固方案进行选择，其性能应符合下列规定：

1 钢板、型钢等钢材宜采用 Q235 钢和 Q355 钢，也可采用 Q390 钢和 Q420 钢；钢材的质量应分别符合现行国家标准《碳素结构钢》GB/T 700、《低合金高强度结构钢》GB/T 1591 和《建筑结构用钢板》GB/T 19879 的规定；钢材的性能指标应符合现行国家标准《钢结构设计标准》GB 50017 的规定。

2 钢筋宜采用 HRB335 级钢筋，也可采用更高等级钢筋，其质量应符合现行国家标准《钢筋混凝土用钢　第 2 部分：热轧带肋钢筋》GB 1499.2 的规定。

3 普通螺栓，其性能应符合现行国家标准《六角头螺栓》GB/T 5782 和《六角头螺栓　C 级》GB/T 5780 的规定。

4 钉应符合现行国家标准《钢钉》GB/T 27704 及其他相关标准的规定。

5 齿板应符合现行行业标准《轻型木桁架技术规范》JGJ/T 265 的相关规定。

6 其他金属连接件应符合现行相关标准的规定及设计要求。尚无相应标准的金属连接件应符合设计要求，并应具备满足设计要求的产品质量合格证书或相关的检测报告。

4.2.2 木结构加固用钢材及金属连接件应进行防锈、防腐蚀处理或采用不锈钢产品。与防腐木材直接接触的金属连接件及螺钉等应避免防腐剂引起的腐蚀。

4.2.3 对于外露的钢板及金属连接件可采取涂刷防火涂料等防火措施，防火涂料的涂刷工艺应满足现行相关标准的规定和设计要求。

4.3 纤维复合材

4.3.1 木结构加固用纤维复合材可采用碳纤维复合材、芳纶纤维复合材和玻璃纤维复合材。纤维复合材的纤维应为连续纤维，其品种和规格应符合下列规定：

1 承重结构加固用的碳纤维，对于重要结构，必须选用聚丙烯腈基(PAN基)12k或12k以下的小丝束纤维，严禁使用大丝束纤维；对于一般结构，除使用聚丙烯腈基12k或12k以下的小丝束纤维外，当有适配的结构胶粘剂时，可使用不大于15k的聚丙烯腈基碳纤维。

2 承重结构加固用的芳纶纤维，应选用饱和含水率不大于4.5%的对位芳香族聚酰胺长丝纤维，且经人工气候老化5 000 h后，1 000 MPa应力作用下的蠕变值不应大于0.15 mm。

3 承重结构加固用的玻璃纤维，应选用高强度玻璃纤维、耐碱玻璃纤维或碱金属氧化物含量低于0.8%的无碱玻璃纤维，严禁使用高碱玻璃纤维和中碱玻璃纤维。

4.3.2 木结构加固用纤维复合材的安全性能应符合现行国家标准《工程结构加固材料安全鉴定技术规范》GB 50728的规定。

4.3.3 对于符合安全性要求的纤维复合材，当与其他结构胶粘剂配套使用时，应对纤维复合材的抗拉强度标准值、纤维复合材与木构件的正拉粘结强度和纤维复合材层间剪切强度做适配性检验。纤维复合材与木构件的正拉粘结强度不应低于木材顺纹抗剪强度和横纹抗拉强度。

4.3.4 承重结构加固工程严禁采用预浸法生产的纤维织物。

4.4 胶粘剂

4.4.1 胶粘剂应保证连接部分有足够的强度和耐久性。胶合性能应符合现行国家标准《木结构胶粘剂胶合性能基本要求》GB/T 37315 的相关规定，且不低于被连接木构件的顺纹抗剪强度和横纹抗拉强度，连接的耐水性和耐久性应与结构的用途和使用年限相适应。

4.4.2 用于加固承重结构的木结构胶粘剂的安全性能，应符合现行国家标准《工程结构加固材料安全性鉴定技术规范》GB 50728 的相关规定，可采用酚类胶粘剂、氨基塑料缩聚胶粘剂、聚氨酯胶粘剂和改性环氧树脂胶粘剂等，其性能还应符合下列规定：

1 采用酚类胶粘剂、氨基塑料缩聚胶粘剂或单组分聚氨酯胶粘剂时，其性能可根据现行国家标准《胶合木结构技术规范》GB/T 50708 的相关规定取值。

2 采用其他结构胶时，其性能应符合现行相关标准的规定及设计要求，并应具备满足设计要求的产品质量合格证书或相关的检测报告。

4.4.3 木构件之间的胶粘剂的试验方法应符合现行国家标准《胶合木结构技术规范》GB/T 50708 的规定，其他胶粘剂的试验方法应符合现行相关标准的规定。

4.4.4 粘接木构件的胶粘剂，宜采用改性环氧树脂胶粘剂，并应符合下列规定：

1 木构件粘接后，当后续需锯割或凿刨加工时，养护时间夏季不应少于 2 d，冬季不应少于 7 d。

2 木构件粘接时的含水率不宜大于 15%。

3　在承重构件或连接中采用胶粘补强时，不应使胶缝直接承受拉力。

4.5　其他材料

4.5.1　防腐防虫药剂有效成分及技术指标应符合现行国家标准《木材防腐剂》GB/T 27654 的相关规定。

4.5.2　防火涂料的使用应符合现行行业标准《建筑木结构用阻燃涂料》JG/T 572 的相关规定。

4.5.3　木结构加固工程中当采用其他材料，应符合现行相关标准的规定；采用新型材料时，应进行试验验证。

5 方木原木结构加固

5.1 设 计

5.1.1 方木原木结构加固设计前，应查看结构的整体变形、承重构件的受力、变形和损伤状态、连接节点与支座搁置的工作状态。

5.1.2 方木原木结构加固设计时，既有木结构材料强度和弹性模量的取值应按照现行国家标准《木结构设计标准》GB 50005 中标准值乘以旧木材折减系数 ψ，或者根据鉴定检测单位提供的数据确定。旧木材折减系数 ψ 应根据材质老化、构件损伤情况的影响取 0.6～0.8。

5.1.3 木构架的整体加固设计应符合下列规定：

1 对既有结构和构造的固有缺陷，宜进行处理。

2 不应损坏需要继续使用的连接件，原连接件缺失时应补齐。

3 加固方案应结合既有木构架的法式特征和建造年代，采用安全合理的加固方法。

5.1.4 梁、柱构件应按现行国家标准《木结构设计标准》GB 50005 的相关规定验算其承载能力，并应符合下列规定：

1 当梁的两端由墙或梁支承时，应按两端简支的受弯构件计算；当梁挠度过大时，梁的有效跨度应按支座与梁的实际接触情况确定，并应考虑支座传力偏心对支承构件受力的影响。

2 柱应按两端铰接计算，计算长度取侧向支承间的距离，对截面尺寸有变化的柱可按中间截面尺寸验算确定。

3 原构件部分缺损或腐朽，应按剩余的截面尺寸进行验算。

5.1.5 木屋架应按现行国家标准《木结构设计标准》GB 50005 的相关规定验算其承载能力，宜根据实际情况建模计算。

5.1.6 屋面檩条宜正放，其截面高宽比不宜大于 2.5；当斜放时，其截面高宽比不宜大于 2，并应按双向受弯构件进行计算。

5.1.7 采用碳纤维复合材加固木梁时，加固后构件正截面受弯承载力提高不宜大于 30%，构件受剪破坏不应先于受弯破坏。

5.1.8 当采用钢板或角钢加固木梁截面受拉区时，可考虑结构加固时的实际受力程度、加固部分的应变滞后特点以及加固部分与原结构协同工作程度，按组合截面进行抗弯承载力计算。

5.1.9 木构架的抗震加固方法和抗震措施，可根据实际情况，采取减轻屋盖重力、加强构件连接、增设柱间支撑、增砌砖抗震墙等措施。后砌墙与木构架之间应设置拉结钢筋。增设的柱间支撑或抗震墙在平面内应均匀布置。

5.1.10 木构件与墙之间的抗震加固，可采用增设托木、附加柱或墙揽等方式进行加固。

5.2 木构架加固

5.2.1 木构架的加固应根据其残损程度分别采用修整加固、打牮拨正、落架大修等方法。

5.2.2 当木构架变形较小，构件位移不大时，可采用修整加固。

5.2.3 当木构架中主要构件倾斜、扭转、拔榫或下沉时，可采用打牮拨正，并应符合下列规定：

1 应先拆落相关构件与原有的加固措施，并对可能发生损坏的受力点采取相应临时安全措施。

2 打牮拨正施工时应根据实际情况分次调整，每次调整量不宜过大。施工过程中，当发现异常声响或出现其他意外情况，应立即停工，待查明原因、清除故障后，方可继续施工。

5.2.4 当木构架中主要承重构件残损、有待彻底整修或更换时，可采用落架大修，并应符合下列规定：

1 拆落木构架前应先给所有拟拆落的构件编号，并应将构件编号标明在书面记录和图纸上。

2 应先揭除瓦顶，再由上而下分层拆落屋面木构件，在拆落过程中应采取措施，防止木构件破坏。

5.2.5 木构架下列部位的榫卯连接构造在整体加固时，应根据结构构造的具体情况，采用适当形式的连接予以锚固：

1 柱与额枋连接处。

2 檩端连接处。

3 有外廊或周围廊的木构架中，抱头梁或穿插枋与金柱的连接处。

4 其他用半银锭榫连接的部位。

5.2.6 建筑的位移变形存在发展趋势或存在多处严重损坏，暂时不具备落架大修条件时，可对木构架增设防止倾斜或扭转连续发展的临时支撑，支撑系统应经设计计算。

5.3 梁式构件加固

5.3.1 对梁的腐朽部位，可采用局部修接加固法，应符合下列规定：

1 采用木材贴补加固时，贴补前应先将腐朽部分剔除干净，经防腐处理后，用干燥木材按所需形状及尺寸，以改性环氧树脂胶粘剂贴补严实，再用钢箍或螺栓紧固。

2 梁支座腐朽采用夹接加固（图 5.3.1-1）或托接加固（图 5.3.1-2）时，应符合下列规定：

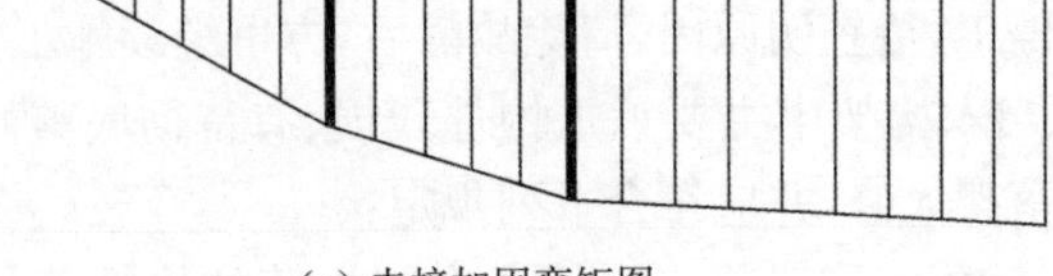

(a) 夹接加固弯矩图

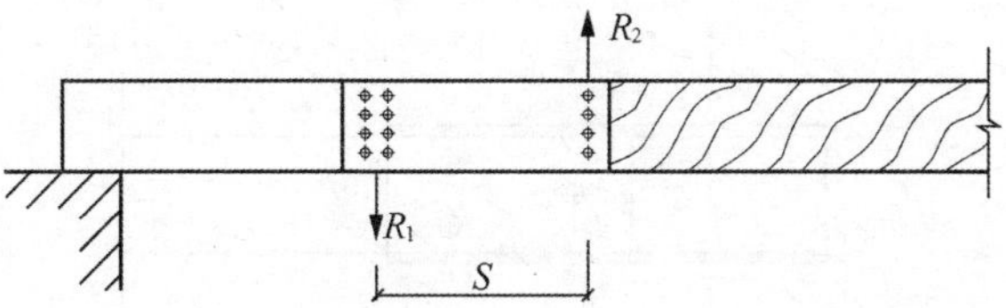

(b) 夹接加固正视图

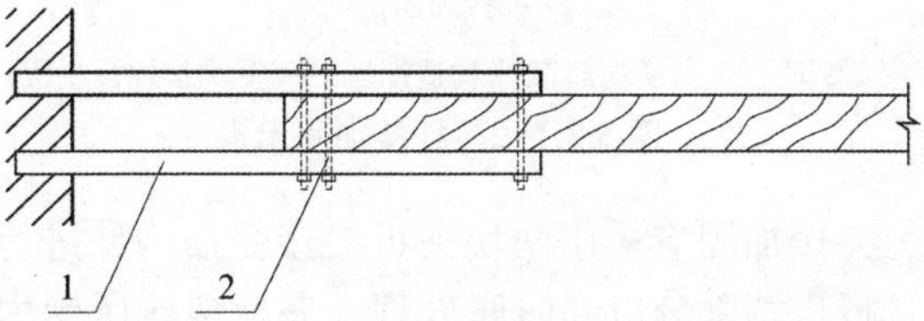

(c) 夹接加固俯视图

1—夹板；2—螺栓

图 5.3.1-1 夹接加固示意

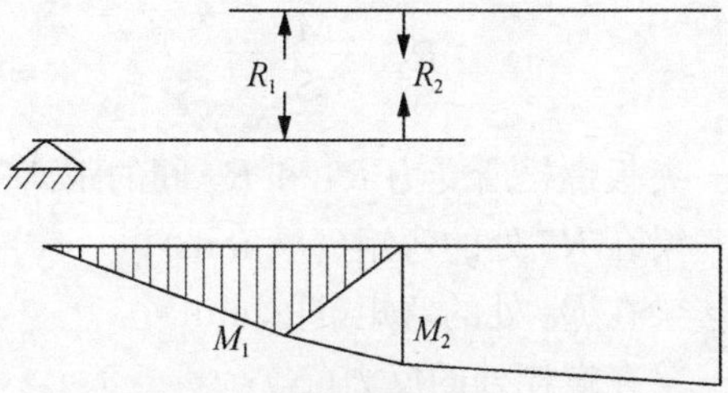

(a) 托接加固弯矩图

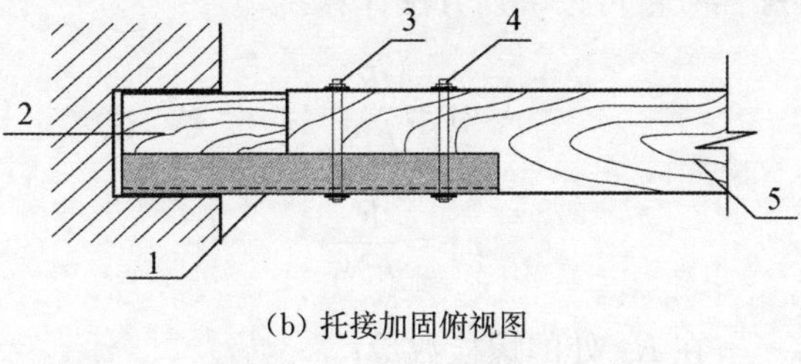

(b) 托接加固俯视图

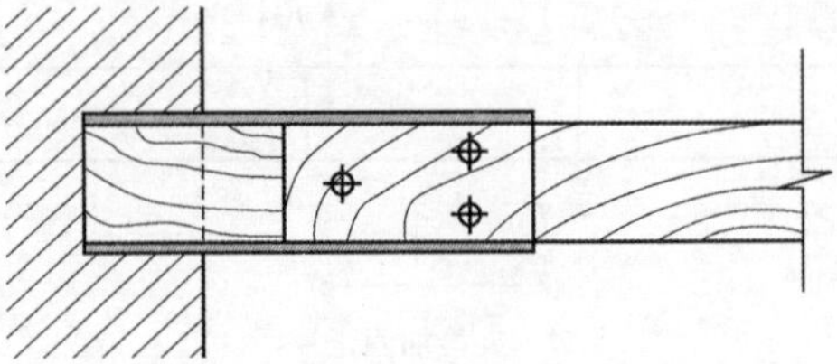

（c）托接加固正视图

1—加固用短槽钢；2—新换端部；3—构造螺栓；4—受力螺栓及垫板；5—原木梁

图 5.3.1-2 托接加固示意

1）夹接加固应采用两块夹板夹接受损构件进行加固。夹板进墙部分应经防腐处理。夹板螺栓所受力可按下列公式计算：

$$R_1 = \frac{M_2}{S} \tag{5.3.1-1}$$

$$R_2 = \frac{M_1}{S} \tag{5.3.1-2}$$

式中： S——夹板螺栓所受力 R_1 和 R_2 间的距离(mm)；

M_1——梁在 R_1 处的弯矩(N·mm)；

M_2——梁在 R_2 处的弯矩(N·mm)；

R_1——梁在螺栓处的反力(N)；

R_2——梁在螺栓处的反力(N)。

夹接螺栓数量可按下列方法计算：

$$n_1 = \frac{R_1}{kN_v} \tag{5.3.1-3}$$

$$n_2 = \frac{R_2}{kN_v} \tag{5.3.1-4}$$

式中：n_1——在 R_1 处的螺栓数量；

n_2——在 R_2 处的螺栓数量；

N_v——每一剪面的设计承载力(N)；

k——受剪面的面数，夹接为双受剪面，$k=2$。

2）托接加固应采用槽钢或其他材料托在受损构件下方进行加固。螺栓主要承受拉力，受拉螺栓及其垫板均应进行验算。托接螺栓数量可根据计算位置的作用计算值和单个螺栓的受拉承载力确定。螺栓所受拉力可按下列公式计算：

$$R_1=\frac{M_2}{S} \tag{5.3.1-5}$$

$$R_2=\frac{M_1}{S} \tag{5.3.1-6}$$

式中：S——反力 R_1 和 R_2 之间的距离(mm)；

M_1——梁在 R_1 处的弯矩(N·mm)；

M_2——梁在 R_2 处的弯矩(N·mm)；

R_1——受拉螺栓所受的力(N)；

R_2——螺栓处的槽钢与梁端部横纹表面的挤压力(N)。

5.3.2 对梁的干缩裂缝进行处理时，应符合下列规定：

1 当构件沿轴线方向的干裂，圆木裂缝深度不大于直径的1/2，方木水平缝深度不大于宽度的1/2，或竖缝深度不大于高度的2/3，可用嵌补方法；当裂缝宽度不大于3 mm，可用腻子勾抹严实；当裂缝宽度在3 mm～15 mm，可用木条涂抹耐水性胶粘剂嵌补；当裂缝宽度大于15 mm，且小于直径或边长的1/5，除用木条涂抹耐水性胶粘剂嵌补外，尚应用钢箍或宽度不小于100 mm纤维布胶粘缠绕加固，其间距不大于700 mm。

2 当构件的裂缝深度超过上款的限值时，承载能力满足使用要求，仍可采用上款的方法处理；承载能力不满足使用要求，可在裂缝处理后按本标准第5.3.3或第5.3.4条的规定进行加固。

5.3.3 当梁有纵向劈裂损坏时，可采用钢箍、碳纤维复合材箍加固。加固时应先用木条和耐水性胶粘剂，将缝隙嵌补粘结严实。钢箍外形应规整，与梁结合贴附。固定螺栓应逐个拧紧，钢箍不应有松动。

5.3.4 当梁的挠度超过规范限值，或承载能力不能满足使用要求时，可采用下列方法进行加固：

1 采用增设构件加固法，可通过增设支顶立柱或下撑式钢拉杆加固(图 5.3.4)。附加下撑式钢拉杆后应按新的组合构件计算截面承载力。加固施工时先将各部件临时支撑固定，试装拉杆达到设计要求后固定撑杆，张紧拉杆。附加后的下撑式钢拉杆应与梁轴线在同一竖向平面内，且连接处应避免木梁出现横纹受拉破坏。

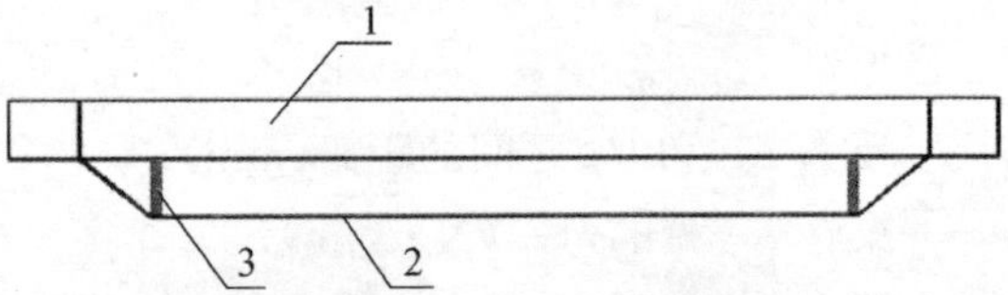

1—木梁；2—拉杆；3—撑杆

图 5.3.4 下撑式钢拉杆加固示意

2 梁抗弯承载力不足时，可采用纤维复合材、钢板等增强构件加固。

3 梁抗剪承载力不足时，可在剪跨区采用纤维复合材箍加固。

5.3.5 当梁因腐朽、虫蛀、开裂或挠度超过限制等，承载能力不能满足使用要求，且以上加固方法明显不可行或不经济时，应更换构件，更换前宜参考原构件的尺寸和样式，并预先做好防腐处理。

5.3.6 当搁栅或檩条在支承处存在腐朽、蛀蚀等损坏时，应根据损坏的程度选择不同的加固方法，并应符合下列规定：

1 搁栅或檩条的两侧腐朽损坏，深度不超过其宽度的 1/2，应先去除腐朽部分，再用木材贴补钉合；搁栅或檩条的上下侧腐朽损坏，深度不超过其高度的 1/3，应先去除腐朽部分，再用硬木块垫高做平。

2　搁栅或檩条的两侧腐朽损坏，深度超过其宽度的 1/2，可进行端头局部修接加固，应先将搁栅或檩条临时支撑，锯去其损坏部分，再进行夹接或托接；搁栅或檩条的上下侧腐朽损坏深度超过其高度的 1/3 或中间被蛀空，应进行计算后采用夹接加固。

5.3.7　当搁栅或檩条跨中挠度超过限制或出现断裂迹象时，可采用置换构件或增加构件进行加固。

5.4　柱加固

5.4.1　对柱的腐朽部位，可采用局部修接加固法，并应符合下列规定：

1　当柱心完好、仅有表层腐朽，且剩余截面尚能满足受力要求时，可将腐朽部分剔除干净，经防腐处理后，用干燥木材依原样和原尺寸修补整齐，并用耐水性胶粘剂进行粘接，进行周围剔补时尚应加设钢箍；当混凝土或砌体直接抵承的方木柱底发生轻度腐朽时，应把腐朽的外表部分除去，可采用经防腐处理的夹板及螺栓进行夹接加固(图 5.4.1-1)，夹板的外边缘超出原柱外边缘不宜小于 30 mm。

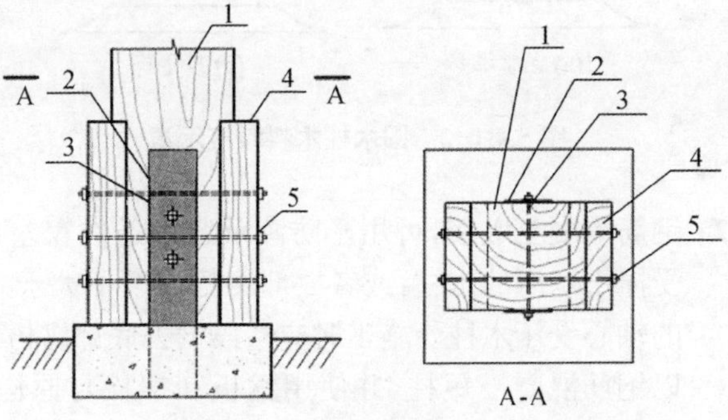

1—需加固的木柱；2—原有钢夹板；3—原有螺栓；4—加固用夹板；5—加固用螺栓

图 5.4.1-1　轻度腐朽的木柱脚加固示意

2 当柱脚腐朽严重，但自柱底面向上未超过柱高的1/4时，可采用墩接柱脚的方法处理，墩接时可根据腐朽的程度、部位和墩接材料，选用下列方法：

1） 木料墩接，应先将腐朽部分剔除，再用经防腐处理的木材墩接。圆木柱应根据剩余部分选择墩接的榫卯式样（图5.4.1-2），施工时应注意使墩接榫头严密对缝，且应加设钢箍或碳纤维布双向交叉粘贴的复合材箍；方木柱可加设钢板及螺栓夹接（图5.4.1-3），钢板的厚度不宜小于4 mm，钢板超出螺栓的长度不宜小于60 mm，螺栓距离结合面的尺寸不宜小于100 mm。

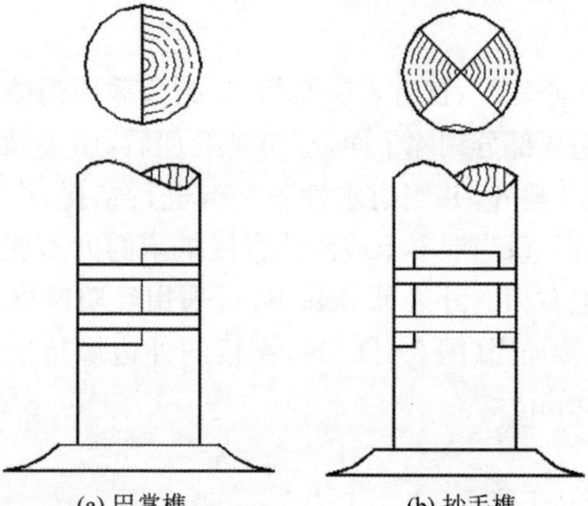

图 5.4.1-2　圆木柱木料墩接示意

2） 钢筋混凝土墩接，可用于防潮及通风条件较差、处于易受撞击场所的木柱，或者根部腐朽高度不大于800 mm的轴心受压木柱。施工时应整段锯去底部腐朽部分，换以钢筋混凝土短柱，并使用钢板和螺栓与原构件连接（图5.4.1-4）。木柱与钢筋混凝土接触面应设置防潮层，严禁将木柱直接浇筑在混凝土中。

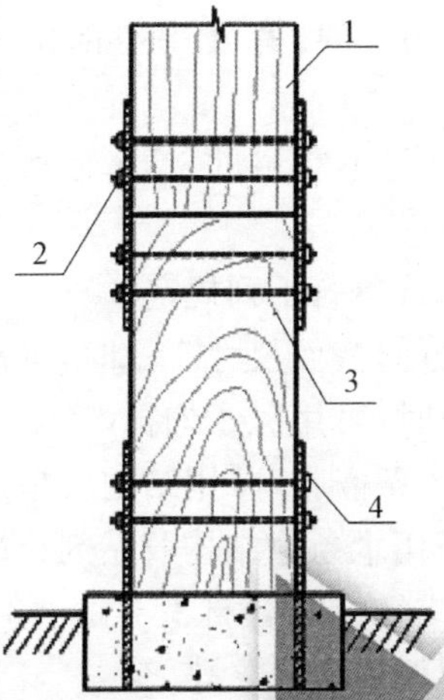

1—原木柱；2—加设夹板及螺栓；
3—用新材修接部分；
4—原有夹板及螺栓

图 5.4.1-3　方木柱墩接示意

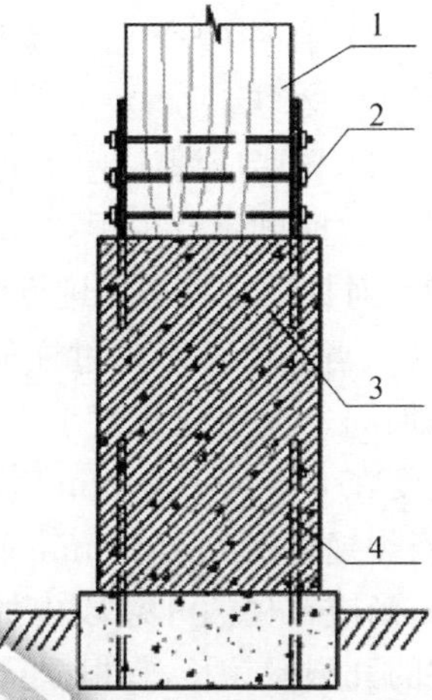

1—原木柱；2—新设钢夹板及螺栓；
3—新设钢筋混凝土柱；
4—原有固定柱脚的钢夹板

图 5.4.1-4　钢筋混凝土短柱加固方木柱示意

3）石料墩接，可用于不露明的柱，也可用于柱脚腐朽部分高度小于 200 mm 的柱。露明柱可将石料加工为小于原柱径 100 mm 的矮柱，周围用厚木板包镶钉牢，并应在与原柱接缝处加设钢箍。

3　当木柱内部腐朽、蛀空，但表层的完好厚度不小于 50 mm，可采用同种或材性相近的木材嵌补柱心，并应用结构胶粘剂粘接密实。也可采用高分子材料化学加固，并应符合下列规定：

1）应在柱中应力小的部位开孔，当柱内通长中空时，可先在柱脚凿方洞，洞宽不得大于 120 mm，应每隔 500 mm 凿一洞眼，直至中空的顶端。

2）在灌注前应将柱内中空部位的朽烂木块及碎屑清除干净。

3）当柱中空直径超过 150 mm 时，宜在中空部位填充木块。

4）树脂应灌注饱满，每次灌注量不宜超过 3 kg，两次间隔时间不宜少于 30 min。

5.4.2 对柱的干缩裂缝进行加固时，应符合下列规定：

1 当其深度不超过柱径或该方向截面尺寸 1/3 时，可进行嵌补加固。当裂缝宽度小于 3 mm 时，可用腻子勾抹严实；当裂缝宽度在 3 mm～30 mm 时，可用木条嵌补，并用结构胶粘剂粘牢；当裂缝宽度大于 30 mm 时，除应用木条以结构胶粘剂补严粘牢外，尚应在柱的开裂段内加钢箍或纤维复合材箍 2 道～3 道。当柱的开裂段较长，宜根据具体情况增加箍的数量。

2 当裂缝深度超过规定的范围或因木构架倾斜、扭转而造成柱身产生纵向裂缝时，应待木构架整修复位后，方可按本条第 1 款的方法进行处理。当裂缝处于柱的关键受力部位，应根据具体情况采取加固措施或更换新柱。

3 对柱的受力裂缝和继续开展的斜裂缝，应根据具体情况采取加固措施或更换新柱。

5.4.3 对柱的侧向弯曲加固时，必须先对弯曲部分进行矫正，使柱子回复到直线形状，再增加侧向刚度。

5.4.4 当柱抗压承载力不足时，可采用纤维复合材增强构件加固。

5.4.5 当柱严重腐朽、虫蛀或开裂，承载能力不能满足使用要求，且以上加固方法明显不可行或不经济时，可更换新柱。

5.5 木屋架加固

5.5.1 木屋架的加固可采用整体加固和构件加固。

5.5.2 整体加固可采用增设支柱或拉杆等加固方法，并应符合下列规定：

1 木屋架承载力不足而结构尚无严重破坏时，可增设支柱。

支柱宜设在跨中或跨中附近的其他节点位置。

2 应根据支柱受力情况进行腹杆应力验算，并根据验算结果加固腹杆。

3 支柱可选用木柱、型钢柱等。支柱的断面和构造，应按相关设计规范作强度和稳定计算确定。支柱安装后柱顶与屋架下弦杆应连接紧密。

4 支柱应设置在受力可靠的基础上。支柱和基础之间应有可靠的连接，以防止发生滑移。

5.5.3 木屋架中上弦杆、斜腹杆等受压构件，在节点处承压面承载力满足使用要求，但中部发生弯曲变形或损伤时，宜采用增设短木或夹板加固（图 5.5.3-1～图 5.5.3-4）。

5.5.4 木屋架受拉构件下弦开裂及木竖杆的剪面开裂宜采用钢拉杆加固。钢拉杆一般应由拉杆本身及其两端的锚固组成。拉杆的断面和构造以及拉杆锚固节点应符合现行国家标准《木结构设计标准》GB 50005 和《钢结构设计标准》GB 50017 的规定。

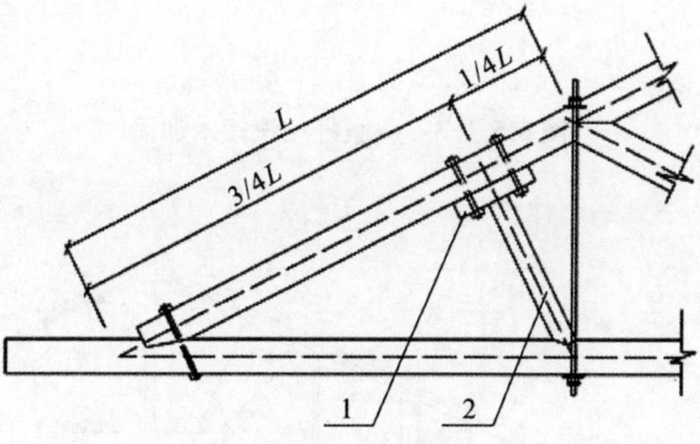

1—托木；2—斜撑

图 5.5.3-1 上弦杆增设短木(托木及斜撑)加固

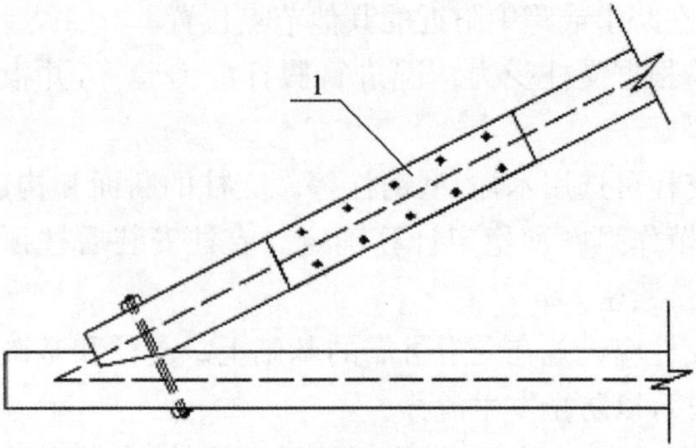

1—夹板

图 5.5.3-2　上弦杆增设夹板加固

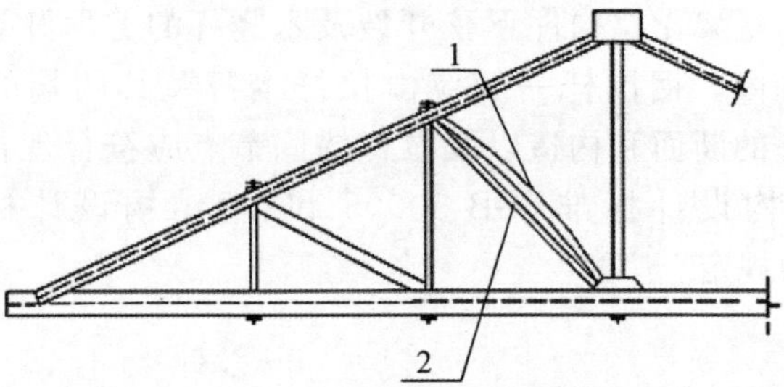

1—原斜杆弯曲；2—新增短木

图 5.5.3-3　斜腹杆增设短木加固

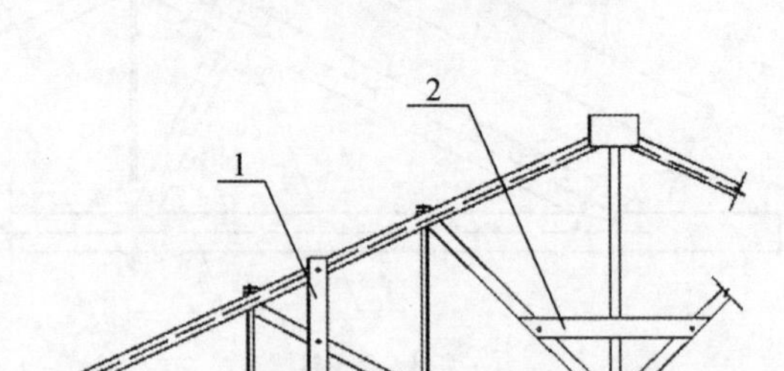

1—新加夹板；2—新加撑木

图 5.5.3-4　上弦及斜腹杆增设夹板加固

5.5.5 木屋架端部严重腐朽时，可将腐朽部分切除后采用木材局部修接，也可采用钢节点或混凝土节点代替原有的木质节点构造。

5.5.6 木屋架在墙上的支承长度不足且无可靠锚固措施时，可根据保护要求和具体情况，采用附加木柱、扶壁砖柱，沿墙加托木或增加加钢、木夹板接长支座等方式进行加固。

5.5.7 当木屋架侧向稳定性不足或倾斜大于屋架高度 1/120 时，应校正屋架平面外垂直度，可在屋架之间或屋架与墙体间增设上弦横向支撑，或在屋架之间增设斜向支撑。支撑可采用角钢、圆拉杆或方木等，支撑截面尺寸应符合现行国家标准《木结构设计标准》GB 50005 和《钢结构设计标准》GB 50017 的规定。

5.6 连接加固

5.6.1 在梁、柱接头处增设托木，可用螺栓锚固以加强整体性(图 5.6.1)。

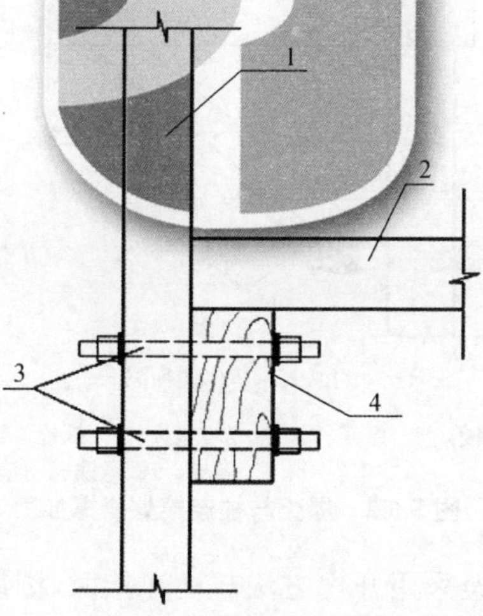

1—柱；2—梁；3—螺栓；4—新增托木

图 5.6.1 梁柱连接处托木加固

5.6.2 木屋架与柱在连接处可增设斜撑加固，斜撑可采用钢连接件或螺栓连接(图 5.6.2)。

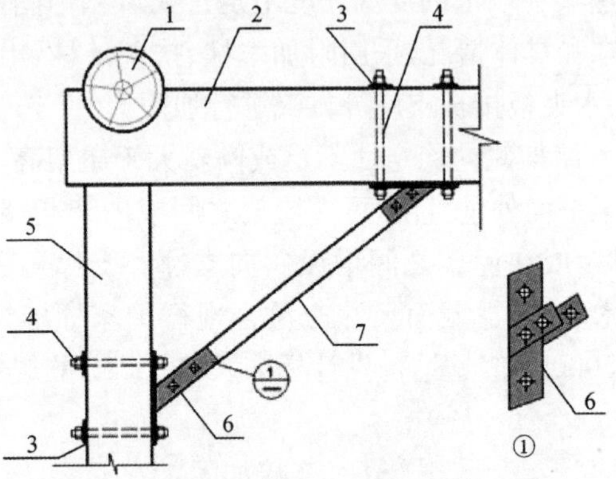

(a) 钢连接件斜撑加固

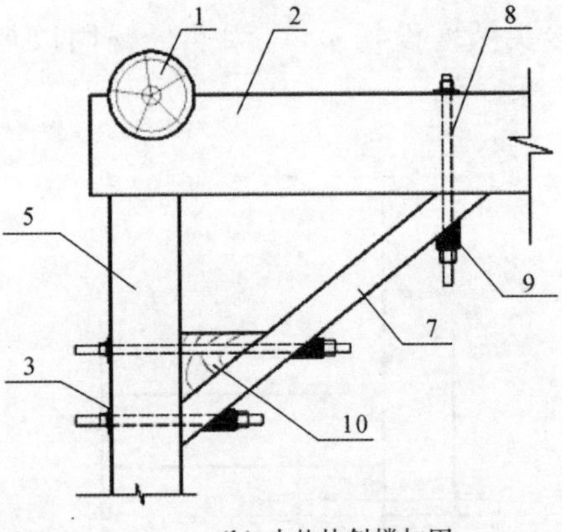

(b) 木垫块斜撑加固

1—木檩条；2—屋架、梁、柁；3—垫板；4—螺栓；5—木柱；6—钢连接件；7—新加木斜撑；8—螺栓；9—铸铁三角垫；10—木垫块

图 5.6.2 屋架与柱连接处斜撑加固

5.6.3 当木屋架采用开榫方法与柱连接时，因屋架削弱断面过大，容易发生拉裂和断开，可采用钢板和螺栓连接的构造措施加固(图 5.6.3)。

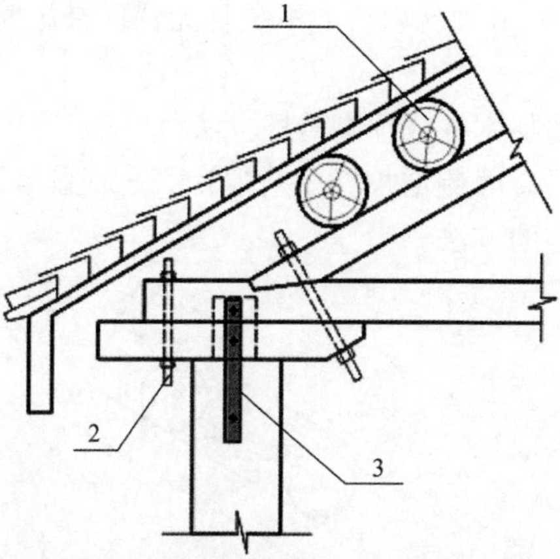

1—檩条；2—螺栓；3—钢板

图 5.6.3　木柱与木屋架的连接加固

5.6.4　木屋架端部与砖柱连接处可采用增设角钢和螺栓连接的构造措施进行加固(图 5.6.4)。

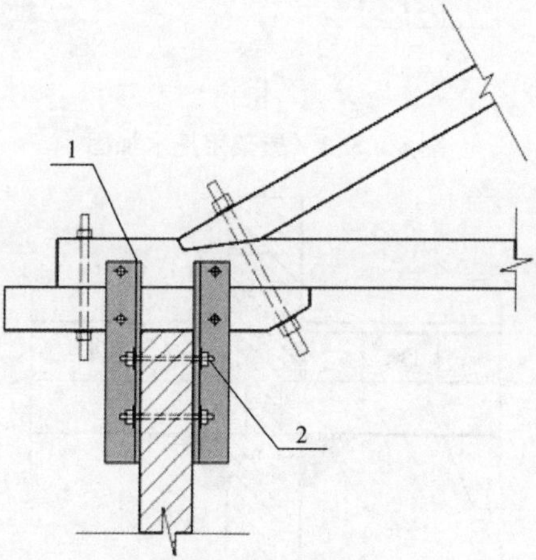

1—新加角钢；2—新加螺栓

图 5.6.4　木屋架支座加固

5.6.5 木屋架或木梁支承长度不足且无锚固措施时，可采用下列方法加固：

1 采用附加木柱或顶砌砖柱方法。

2 采用沿砖墙侧增加托木（图 5.6.5-1）和角钢支托加固支座（图 5.6.5-2）的方法。

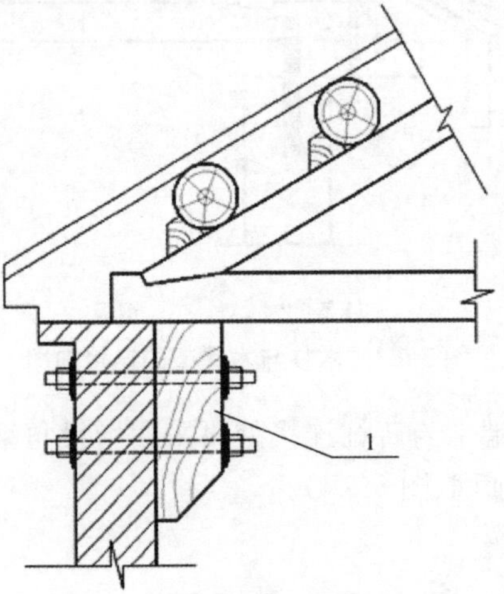

1—托木

图 5.6.5-1 屋架用托木加固

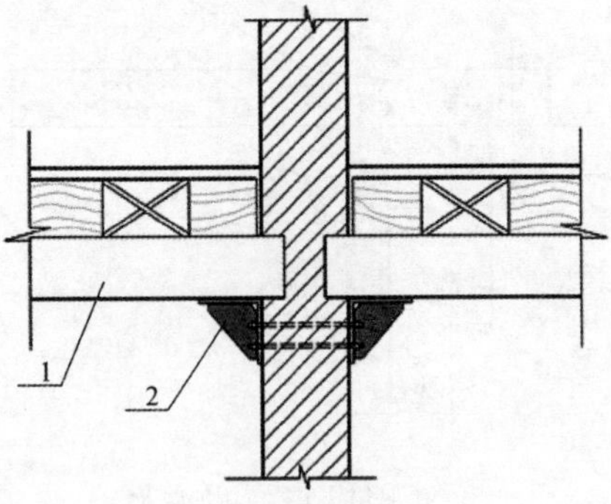

1—木梁；2—角钢

图 5.6.5-2 角钢支托加固支座

5.6.6 砖墙与木构件的连接加固,应符合下列规定:

1 砖墙与木梁的连接可采用设置墙揽拉结的方法进行加固(图 5.6.6-1)。

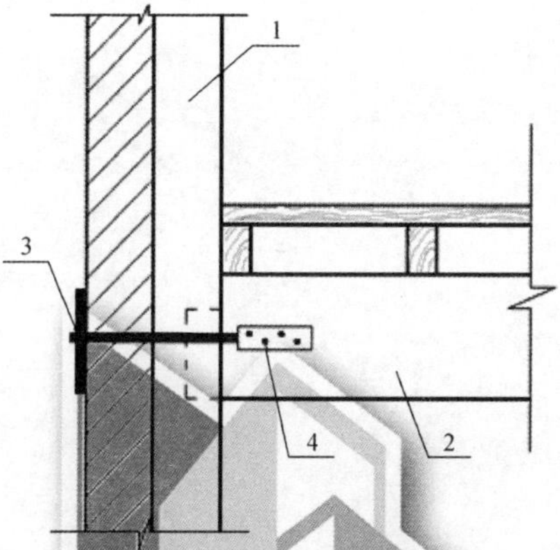

1—木柱;2—木梁;3—墙揽;4—钉

图 5.6.6-1 墙与木梁拉结加固

2 砖墙与角柱可采用设置墙揽拉结方法进行加固(图 5.6.6-2)。

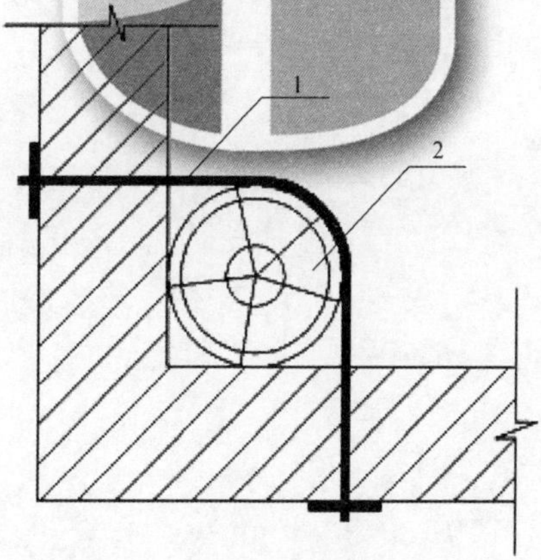

1—墙揽;2—木柱

图 5.6.6-2 墙与角柱拉结加固

5.6.7 榫卯节点出现拔榫或进行抗震加固时可采用扁铁或纤维复合材加固，扁铁与木的连接应采用对穿螺栓。

6 胶合木结构加固

6.1 设 计

6.1.1 胶合木结构加固设计前，应查看梁、柱、支撑等关键承重构件和所有连接节点的工作状态。

6.1.2 胶合木结构的加固设计，可根据实际情况，采用增强构件、置换构件、增加构件等加固方法，增设的柱间支撑应在结构平面及立面内均匀布置。

6.1.3 胶合木结构的加固设计应符合现行国家标准《木结构设计标准》GB 50005、《胶合木结构技术规范》GB/T 50708 和现行上海市工程建设规范《工程木结构设计规范》DG/TJ 08—2192 的规定。

6.1.4 胶合木结构加固后构件正截面受弯承载力提高不应超过 30%。

6.2 支撑和木桁架加固

6.2.1 当胶合木结构整体抗震性能不足时，宜采用增设木支撑、钢支撑或耗能支撑加固。当增设支撑前，结构有明显变形时，应首先进行纠偏。

6.2.2 增设的支撑布置形式可采用中心支撑(图 6.2.2-1)、偏心支撑(图 6.2.2-2)和斜隅支撑(图 6.2.2-3)，支撑的材料、截面尺寸和布置形式应按照现行国家标准《建筑抗震设计规范》GB 50011 的规定进行计算确定。

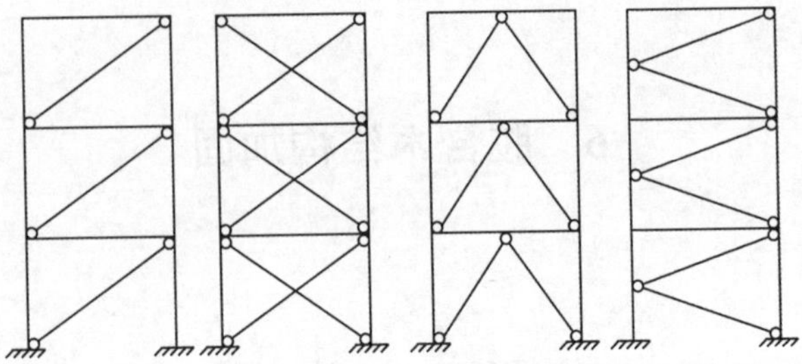

(a) 对角式　(b) 交叉式　(c) 人字式　(d) K字式

图 6.2.2-1　中心支撑形式

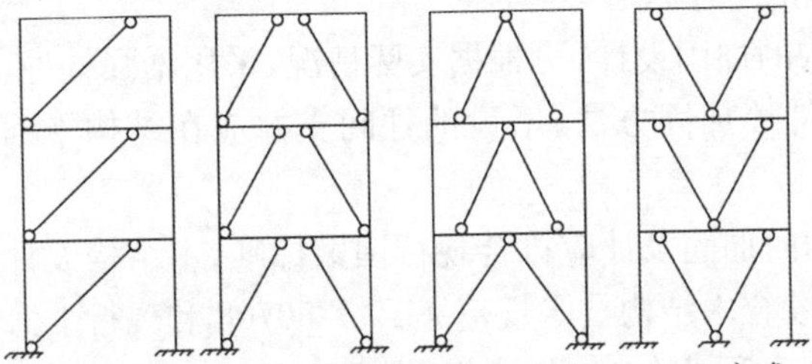

(a) 单斜杆式　(b) 门架式　(c) 人字式　(d) V字式

图 6.2.2-2　偏心支撑形式

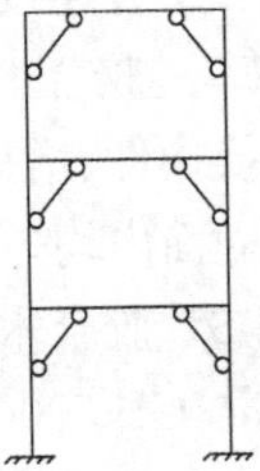

图 6.2.2-3　斜隅支撑

6.2.3　对于与梁、柱连接处发生破坏或腐朽、损伤较重的木支撑，宜进行更换处理。

6.2.4　对于损伤部位远离节点区且损伤程度较轻的木支撑，可采用外包纤维复合材的方法进行加固，并应符合下列规定：

1　木支撑损伤区的木材裂缝或孔洞应先采用结构胶粘剂灌缝，再将待加固区的木材表面刨平并打磨平整，待加固区两侧长度应超出损伤区，且超出长度不应少于 300 mm。

2　待加固区木材表面的粉尘应全面清除，可用丙酮溶液等擦洗除去油脂，并应风干 24 h 以上。

3　纤维复合材与木材表面应紧密粘贴，受力纤维方向应与木支撑中心线平行。

4 粘贴纤维复合材环形箍，环形箍的纤维方向应与木支撑中心线方向垂直，环形箍覆盖的宽度应与木支撑待加固区一致。

6.2.5 当胶合木桁架的上弦杆、腹杆和下弦杆损伤较重时，宜进行更换；损伤较轻时，可采用外包纤维复合材加固，加固方法应满足本标准第 6.2.4 条的规定。

6.3 梁式构件加固

6.3.1 梁、檩条、椽条和搁栅等梁式构件的挠度超过规定的限值或发现有断裂迹象时应进行加固或更换。

6.3.2 梁式构件的加固可分为抗弯加固和抗剪加固。抗弯加固方法可采用粘贴钢板加固、螺栓连接钢板加固和粘贴纤维复合材加固。

6.3.3 对梁式构件进行加固时，应采取措施卸除或大部分卸除作用在结构上的活荷载，并将加固用钢板或纤维复合材受力方式设计为仅承受轴向力。

6.3.4 采用粘贴钢板和粘贴纤维复合材进行抗弯加固时，其受拉面沿构件轴向连续粘贴的钢板或纤维复合材宜延伸至支座边缘，且应在加固材料端部及集中荷载作用点的两侧，设置 U 形或环形钢板及纤维复合材进行锚固。

6.3.5 梁式构件的抗剪加固方法可采用粘贴钢板加固和粘贴纤维复合材加固。

6.3.6 采用钢板或纤维复合材进行梁式构件的抗剪加固时，应粘贴成垂直于构件轴线方向的环形箍或其他有效的 U 形箍（图 6.3.6-1、图 6.3.6-2），且纤维复合材转角处木构件应进行倒角处理，倒角半径不应小于 20 mm。

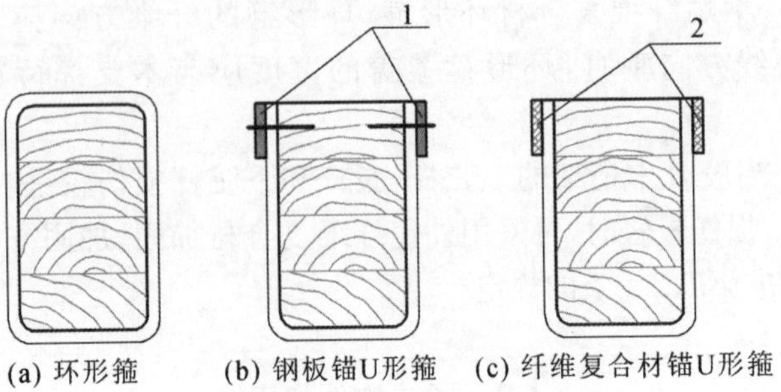

1—钢板压条；2—纤维复合材压条

图 6.3.6-1　梁式构件抗剪加固的主要形式

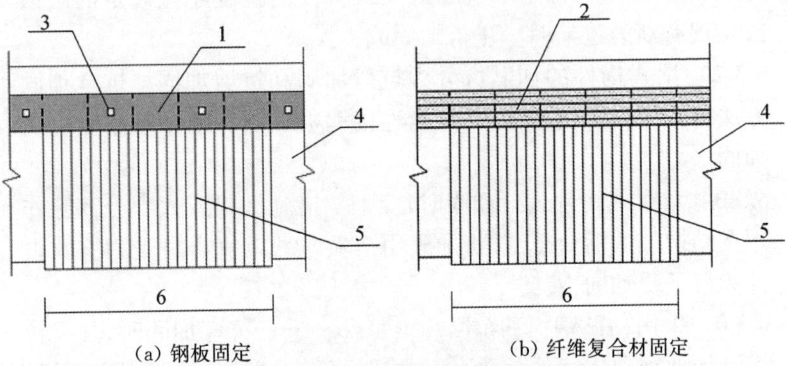

1—钢板压条；2—纤维复合材压条；3—锚栓加胶粘锚固；4—梁式构件；5—U 形箍(钢板或纤维复合材)；6—抗剪加固区

图 6.3.6-2　U 形箍抗剪加固示意图

6.4　柱加固

6.4.1　对胶合木柱进行加固前，应按照本标准第 5.4 节的方法对木柱的裂缝、腐朽进行处理。当木柱腐朽严重时，应进行更换或墩接。

6.4.2　胶合木柱加固可采用粘贴纤维复合材加固。

6.4.3　采用粘贴纤维复合材加固胶合木柱时，应在待加固区高度范围内沿柱轴向连续封闭粘贴，纤维方向宜与构件轴线垂直。当木柱为矩形截面时，应进行倒角处理，倒角半径不应小于 20 mm。

6.5 连接加固

6.5.1 胶合木结构连接加固可分为销轴类连接加固及剪板连接加固。连接节点发生损伤后应及时加固修复，节点构造应符合现行国家标准《木结构设计标准》GB 50005 和《胶合木结构技术规范》GB/T 50708，以及现行上海市工程建设规范《工程木结构设计规范》DG/TJ 08—2192 的相关规定，加固后的节点承载力应不低于原设计值。

6.5.2 校核销轴类连接加固后的承载力时，应按照现行国家标准《胶合木结构技术规范》GB/T 50708 的相关规定执行。

7 轻型木结构加固

7.1 设 计

7.1.1 轻型木结构加固设计前，应查看剪力墙、楼盖、屋盖、木桁架等关键承重构件和主要连接节点的工作状态。

7.1.2 轻型木结构的加固设计，可根据实际情况，采用增强构件、局部修接、置换构件及增加构件和连接等方法。

7.1.3 轻型木结构的加固设计及验算应符合现行国家标准《木结构设计标准》GB 50005 和现行上海市工程建设规范《轻型木结构建筑技术规程》DG/TJ 08—2059 的规定，并应符合下列规定：

1 连接应采用简便且牢固的措施，宜采用钉连接，钉的直径不宜小于 2.8 mm。

2 楼盖、屋盖、剪力墙的构造及连接等应符合原结构构造要求。

3 木桁架的构造、加固设计及验算尚应符合现行行业标准《轻型木桁架技术规范》JGJ/T 265 的规定。

7.2 楼盖屋盖加固

7.2.1 楼盖、屋盖搁栅或屋盖椽条跨中挠度超过限制或出现断裂迹象时，应采用置换构件或增加构件进行加固。在搁栅或椽条之间增加新搁栅或椽条时，宜与原构件截面高度相同；新增搁栅固定于木梁时，应使用搁栅托、托木或者等效连接件进行支撑。

7.2.2 楼盖、屋盖搁栅或屋盖椽条在支承处存在腐朽、蛀蚀等损坏时，应根据损坏的程度选择不同的加固方法，并应符合下列规定：

1 搁栅或椽条两侧损坏不超过截面宽度的 1/2，且顶侧和底侧损坏不超过截面高度的 1/3，应先去除腐朽部分，再用木材局部贴补钉合加固。

2 搁栅或椽条端部在支座上的有效搁置长度小于 40 mm，或其他严重损坏的情况，可置换构件或增加构件。

7.2.3 楼盖、屋盖搁栅或屋盖椽条端头开裂损坏，可采用钢箍加固。

7.2.4 楼盖、屋盖覆面板损坏应采用不低于原规格的覆面材料进行局部修补或更换。

7.3 剪力墙加固

7.3.1 剪力墙加固可采用对角斜贴钢板、对角斜贴纤维复合材、钉接木基结构板，或在原覆面板边缘增加钉数量以减少钉间距等增强构件加固。

7.3.2 剪力墙墙骨柱截面损坏致使剩余高度小于截面高度的 2/3，或其他严重损坏的情况时，可增设墙骨柱加固，新增墙骨柱宜与原墙骨柱截面高度相同。

7.4 木桁架加固

7.4.1 齿板与木桁架杆件连接不牢或齿板钉入不当造成节点松动，不得将松动的齿板钉回原位，可经计算后在桁架节点处增加楔块和齿板，连接节点处杆件。也可采用增加钉、螺栓连接进行节点加固。

7.4.2 木桁架发生侧倾时，应校正木桁架平面外垂直度，并应根据结构的形式和跨度、屋面构造及荷载等情况增加上弦横向支撑或垂直支撑。支撑构件的截面尺寸应符合现行行业标准《轻型木桁架技术规范》JGJ/T 265 的相关规定。

7.5 连接加固

7.5.1 钉连接出现松动或失效时，可在原节点附近增设新的钉连接。节点构造应满足现行国家标准《木结构设计标准》GB 50005 和现行上海市工程建设规范《轻型木结构建筑技术规程》DG/TJ 08—2059 的规定。

7.5.2 当木屋盖端支座或剪力墙边界构件原有的锚固件不满足上拔力要求时，木屋盖端支座与墙体的连接、剪力墙两侧边界构件的层间连接或边界构件与基础的连接均应增设抗拔锚固件连接。

7.5.3 金属连接件松动时应调整紧固，紧固件锈蚀时应更换。

8 施工安全与质量

8.1 施工安全

8.1.1 木结构加固施工现场应根据现行国家标准《建设工程施工现场消防安全技术规范》GB 50720 的相关规定配置灭火器和消防器材，并应设专人负责现场消防安全。

8.1.2 固定式电锯、电刨、起重机械等应具备安全防护装置和操作规程。操作人员应经专门培训合格，并持有上岗证。

8.1.3 施工现场木材、木构件及其他木制品的堆放点应远离火源。可燃、易燃物或有害药剂的运输、存储和使用应制定安全操作规程，并严格执行。

8.1.4 施工现场严禁明火操作，当必须进行现场施焊等操作时，应做好相应的防护并由专人负责，施焊完毕后 1 h 内现场应有人员看管，2 h 内应返回现场检查。

8.1.5 结构加固工作开始前，应对所有受力状态下进行局部修接和更换连接的结构采取卸荷或支顶措施，以保证施工安全。

8.1.6 进行置换构件支顶施工时应符合下列规定：

1 检查或加设支撑应确保顶升时上部结构的平面稳定。

2 顶升上部结构时多个千斤顶应协同工作。

3 顶升固定，安装托架过程中，应设置防止千斤顶回落的安全装置。

4 应采取措施保证顶升后临时支柱的侧向稳定。

8.1.7 进行化学加固施工时应符合下列规定：

1 配制化学浆液的易燃原料，应密封储存，远离火源。

2 在配制及使用场地，必须通风良好，操作人员应穿工作服，戴防护口罩、乳胶手套和眼镜等。

8.2 施工质量

8.2.1 木结构加固工程验收应符合现行国家标准《木结构工程施工质量验收规范》GB 50206、《砌体结构工程施工质量验收规范》GB 50203、《混凝土结构工程施工质量验收规范》GB 50204、《钢结构工程施工质量验收规范》GB 50205 和现行上海市工程建设规范《现有建筑抗震鉴定与加固规程》DGJ 08—81 及其他相关标准的规定。

8.2.2 对原材料、半成品的质量标准和试验方法，凡本标准有规定的，应按照执行；无规定的，应按相关现行的标准执行。不得使用未经标识或未经进场检验的产品，并应按工程项目取样进行性能检验，试验报告资料应齐全，并应符合设计要求。

8.2.3 经化学药剂处理的木构件，应符合现行相关标准的规定，药物有效成分的载药量和透入度应检验合格。

8.2.4 采用钢筋混凝土加固结构时，混凝土应振捣密实，应无蜂窝、孔洞、裂缝等现象。当对加固混凝土质量存疑，可采用回弹法、超声回弹综合法、钻芯法等进行质量检验。

8.2.5 采用纤维复合材加固时，纤维复合材与木构件间的粘结应密实，空鼓率应小于 5%，出现空鼓时应进行修补。

附录 A　既有建筑物结构荷载标准值的确定方法

A.0.1　对既有结构上的荷载标准值取值，除符合本附录外，尚应符合现行国家标准《建筑结构荷载规范》GB 50009 的规定。

A.0.2　结构和构件自重的标准值，应根据构件和连接的实测尺寸，按材料或构件单位自重的标准值计算确定。对难以实测的某些连接构造的尺寸，可按结构详图估算。

A.0.3　常用材料和构件的单位自重标准值，应按现行国家标准《建筑结构荷载规范》GB 50009 的规定采用。当该规范的规定值有上、下限时，应按下列规定采用：

1　当荷载效应对结构不利时，取上限值。

2　当荷载效应对结构有利（验算倾覆、抗滑移、抗浮起等）时，取下限值。

A.0.4　当遇到下列情况之一时，材料和构件的自重标准值应按现场抽样称量确定：

1　现行国家标准《建筑结构荷载规范》GB 50009 尚无规定。

2　自重变异较大的材料或构件，如现场制作的保温材料等。

3　材料或构件自重的原设计采用值与实际情况有显著出入。

A.0.5　现场抽样检测材料或构件自重的试样数量不应少于 5 个。当按检测结果确定材料或构件自重的标准值时，其计算应符合下列规定：

1　当其效应对结构不利时

$$g_{k,sup} = m_g + \frac{t}{\sqrt{n}} s_g \tag{A.0.5-1}$$

式中：$g_{k,sup}$——材料或构件自重的标准值；

m_g ——试样称量结果的平均值；

s_g ——试样称量结果的标准差；

n ——试样数量；

t ——考虑抽样数量影响的计算系数，按表 A.0.5 采用。

2 当其效应对结构有利时

$$g_{k,sup}=m_g-\frac{t}{\sqrt{n}}s_g \tag{A.0.5-2}$$

表 A.0.5 计算系数 t 取值

n	t 值	n	t 值	n	t 值	n	t 值
5	2.13	8	1.89	15	1.76	30	1.70
6	2.02	9	1.86	20	1.73	40	1.68
7	1.94	10	1.80	25	1.71	≥60	1.67

A.0.6 对于非结构的构、配件，或对支座沉降有影响的构件，当其自重效应对结构有利时，应取其自重标准值 $g_{k,sup}=0$。

A.0.7 当房屋结构进行加固验算时，不上人屋面应计入加固工程的施工荷载，且其取值应符合下列规定：

1 当估算的荷载低于现行国家标准《建筑结构荷载规范》GB 50009规定的屋面均布活荷载或集中荷载时，应按该规范采用。

2 当估算的荷载高于现行国家标准《建筑结构荷载规范》GB 50009的规定值时，应按实际估算值采用。当施工荷载过大时，宜采取措施予以降低。

A.0.8 对加固改造设计的验算，其基本雪压值、基本风压值和楼面活荷载的标准值，除应按现行国家标准《建筑结构荷载规范》GB 50009的规定采用外，尚应按下一目标使用年限，乘以本附录中表 A.0.8 的修正系数 ψ_a 予以修正。下一目标使用年限，应由委托方和鉴定方共同商定。

表 A.0.8　基本雪压、基本风压及楼面活荷载的修正系数 ψ_a

下一目标使用年限	10 年	20 年	30 年～50 年
雪荷载或风荷载	0.85	0.95	1.00
楼面活荷载	0.85	0.90	1.00

注：对表中未列出的中间值，可按线性内插法确定，当下一目标使用年限小于 10 年时，应按 10 年取值。

本标准用词说明

1　为了便于在执行本标准条文时区别对待，对要求严格程度不同的用词说明如下：

1）表示很严格，非这样做不可的用词：
正面词采用"必须"；
反面词采用"严禁"。

2）表示严格，在正常情况均应这样做的用词：
正面词采用"应"；
反面词采用"不应"或"不得"。

3）表示允许稍有选择，在条件许可时首先应这样做的用词：
正面词采用"宜"；
反面词采用"不宜"。

4）表示有选择，在一定条件下可以这样做的用词，采用"可"。

2　标准中指定应按其他有关标准执行时，写法为"应符合……的规定（要求）"或"应按……执行"。

引用标准名录

1 《碳素结构钢》GB/T 700
2 《钢筋混凝土用钢　第 2 部分:热轧带肋钢筋》GB 1499.2
3 《低合金高强度结构钢》GB/T 1591
4 《六角头螺栓　C 级》GB/T 5780
5 《六角头螺栓》GB/T 5782
6 《建筑结构用钢板》GB/T 19879
7 《木结构覆面用胶合板》GB/T 22349
8 《结构用集成材》GB/T 26899
9 《木材防腐剂》GB/T 27654
10 《钢钉》GB/T 27704
11 《木结构胶粘剂胶合性能基本要求》GB/T 37315
12 《木结构设计标准》GB 50005
13 《建筑结构荷载规范》GB 50009
14 《建筑抗震设计规范》GB 50011
15 《钢结构设计标准》GB 50017
16 《建筑抗震鉴定标准》GB 50023
17 《工业建筑可靠性鉴定标准》GB 50144
18 《砌体结构工程施工质量验收规范》GB 50203
19 《混凝土结构工程施工质量验收规范》GB 50204
20 《钢结构工程施工质量验收规范》GB 50205
21 《木结构工程施工质量验收规范》GB 50206
22 《民用建筑可靠性鉴定标准》GB 50292
23 《建筑工程施工质量验收统一标准》GB 50300
24 《胶合木结构技术规范》GB/T 50708

25 《建设工程施工现场消防安全技术规范》GB 50720

26 《工程结构加固材料安全鉴定技术规范》GB 50728

27 《建筑抗震加固技术规程》JGJ 116

28 《轻型木桁架技术规范》JGJ/T 265

29 《建筑木结构用阻燃涂料》JG/T 572

30 《轻型木结构建筑覆面板用定向刨花板》LY/T 2389

31 《建筑抗震设计规程》DGJ 08—9

32 《房屋质量检测规程》DG/TJ 08—79

33 《现有建筑抗震鉴定与加固规程》DGJ 08—81

34 《轻型木结构建筑技术规程》DG/TJ 08—2059

35 《工程木结构设计规范》DG/TJ 08—2192

上海市工程建设规范

木结构加固技术标准

DG/TJ 08—2332—2020
J 15293—2020

条 文 说 明

2020 上海

目 次

Contents

1 总 则

1.0.1 本条主要阐明编制本标准的目的。

我国木结构建筑历史悠久，古代及近现代以来，建造了许多优秀木结构建筑。随时代变迁，这些建筑或多或少不同程度受损，其中大部分建筑主体完好且有重要的保留价值，因此需要对其进行加固修复，从而延长使用年限，延续文化传承。通过制定本标准，达到以下目的：加强管理上海市木结构加固的技术与规范；提高木结构加固的施工水平；有效遏制不当加固对原结构的破坏。

1.0.2 本条主要阐明本标准的适用范围。

1 本标准适用于传统木结构和现代木结构的加固。考虑到上海地区现存许多古建筑、历史文化风貌区内保留建筑和优秀历史建筑，此类建筑的加固往往具有特殊保护要求，加固时除应遵守本标准和现行相关标准外，尚应符合专门的规定。

2 本标准按木结构承重构件采用的木材划分，适用于方木原木结构、胶合木结构、轻型木结构的加固。

第5章主要规定上海地区既有方木原木结构的加固，适用于方木原木制作的穿斗式木结构、抬梁式木结构、井干式木结构、木框架剪力墙结构、梁柱式木结构的加固和方木原木制作的混合结构中木构件的加固。就上海地区而言，承重构件由方木（含板材）或原木制作和安装的既有普通木结构一般包括穿斗式（立帖式砖木结构）、抬梁式和砖墙木屋架，井干式较为少见。本章不适用于胶合木制作的穿斗式、抬梁式和混合式结构。

第6章主要规定上海地区胶合木结构的加固。依据现行国家标准《木结构设计标准》GB 50005，胶合木结构分为层板胶合木结构和正交胶合木结构两类。目前，正交胶合木结构在上海地区乃至中国地域内工程实例极少，故本标准暂不涉及。梁柱结构和梁柱-支撑结构作为层板胶合木结构的两种主要结构形式，纳入本标准中予以考虑。

第 7 章主要规定上海地区轻型木结构的加固，适用于轻型木结构和混合轻型木结构的构件和部件的加固。

3 本标准仅适用于结构部分，不适用于建筑附属部分。

1.0.3～1.0.4 这两条主要是对本标准在实施中与其他相关标准配套使用的关系作出规定。上海的房屋检测鉴定主要根据现行上海市工程建设规范《房屋质量检测规程》DG/TJ 08—79 开展，为方便上海市建设单位和设计单位选择鉴定标准，与上海的实际情况贴切，本标准中统一使用“检测鉴定”。

2 术 语

2.0.2 方木原木结构的结构形式包括传统木结构使用的穿斗式结构、抬梁式结构、井干式结构，现代木结构使用的梁柱式结构、木框架剪力墙结构，以及方木原木屋盖体系等。

2.0.3 胶合木结构的结构形式包括框架结构、空间桁架、拱、门架和空间薄壳等。

3 基本规定

3.1 一般规定

3.1.1 木结构是否需要加固，应经结构检测鉴定确认。我国已发布的现行国家标准《工业厂房可靠性鉴定标准》GB 50144 和《民用建筑可靠性鉴定标准》GB 50292，是通过实测、验算并辅以专家评估才作出检测鉴定的结论，因而较为客观、稳健，可以作为木结构加固设计的基本依据；但须指出的是，木结构加固设计所面临的不确定因素远比新建工程多而复杂，况且还要考虑委托方的个性化需求；因而本条作出了"应按本标准的规定并结合委托方的要求进行加固"的规定。

此外，众多的工程实践经验表明，承重结构的加固效果，除了与其所采用的方法相关外，还与该建筑物现状有着密切的关系。一般而言，结构经局部加固后，虽然能提高被加固构件的安全性，但这并不意味着该承重结构的整体承载一定是安全的。因为就整个结构而言，其安全性还取决于原结构方案及其布置是否合理，结构构件之间的支撑连接、拉结锚固是否系统而可靠，其原有的构造措施是否得当有效等；而这些就是结构整体牢固性的内涵；其所起到的综合作用就是使结构具有足够的延性和冗余度。因此，本标准要求专业技术人员在承担结构加固设计时，应对该承重结构的整体牢固性进行检查与评估，以确定是否需作相应的加强。

加固工作一般应按加固方案设计、加固施工图设计、施工组织设计、加固施工与验收的流程进行。针对结构检测鉴定结论，首先提出最佳的加固方案；再根据加固方案进行加固设计，加固设计应考虑适当的施工方法及合理的构造措施，按照结构上的实际作用，进行承载力、正常使用功能等方面的验算。然后按照加固设计进行施工组织设计，施工时应采取确保质量和安全的有效措施，并按本标准及现行相关标准进行施工和验收。加固前应根据检测鉴定报告，对检测鉴定结论进行复核。

3.1.2

2 对各类影响因素引起的原结构损坏，应提出有效的防治对策。具体因素包含温度骤变、强光照射、腐朽、虫蛀、干缩湿胀、地基不均匀沉降、强振动等，且不限于此。在加固时，应从源头上消除或限制其有害的作用。与此同时，尚应正确把握处理的时机，使之不致对加固后的结构重新造成损坏。通常，应先治理后加固，但也有一些防治措施可能需在加固后采取。因此，在加固设计时，应合理地安排好治理与加固的工作顺序，以使这些有害因素不至于复萌，从而保证加固后结构的安全和正常使用。

3.1.3 加固所用连接还应有足够的强度和一定的延性。

3.1.6 对于使用胶粘剂或掺有其他聚合物的加固方法，不可避免地存在老化问题，且在工程施工现场，很容易因错用劣质材料或使用的工艺不当，而过早发生破坏。为了防范这类隐患，即使在发达国家也同样要求加强检查，但检查时间的间隔可由设计单位作出规定，第一次检查时间宜定为投入使用后的 6 年～8 年，且最迟不应晚于 10 年。

3.2 设计计算原则

3.2.2 结构加固的设计使用年限，应与结构加固后的使用状态及其维护制度相联系，否则是无法确定的。因此，本标准给出的是在正常使用与定期维护条件下的设计使用年限。

当结构加固使用的是传统材料（如型钢、钢板和混凝土等），且其设计计算和构造符合本标准的规定时，可按委托方要求的年限，但不高于现行国家标准《建筑结构可靠度设计统一标准》GB 50068 的规定进行确定。当使用的加固材料含有合成树脂(如常用的结构胶粘剂)或其他聚合物成分时，其设计使用年限宜按 30 年确定，如要提高使用年限，所使用的合成材料的粘结性能，应通过耐长期应力作用能力的检验。检验方法应按现行国家标准《工程结构加固材料安全性鉴定技术规范》GB 50728 的规定执行。

当为局部加固时，尚应考虑原结构剩余设计使用年限对结构加固设计使用年限的影响。

结构的定期检查维护制度应由设计单位制定，由物管单位执行。

基于以上，制定了本条确定设计使用年限的原则。

3.2.3 本条对木结构的加固验算作了详细而明确的规定。这里仅指出一点，即：其中大部分计算参数已在该结构加固前检测鉴定中通过实测或验算予以确定。因此，在进行结构加固设计时，宜尽可能加以引用，这样不仅节约时间和费用，而且在被加固结构日后万一出现问题时，也便于分清责任。

1 现行国家标准《建筑结构荷载规范》GB 50009 是以新建工程为对象制定的，当用于既有建筑物结构加固设计时，还需要根据既有建筑物的特点作些补充规定。为此，本标准引用现行国家标准《混凝土结构加固设计规范》GB 50367 和《砌体结构加固设计规范》GB 50702 中"附录 A 既有建筑物结构荷载标准值的确定方法"确定相关标准值。

3.2.4 本条对木结构的加固抗震验算作了详细而明确的规定。参考现行上海市工程建设规范《现有建筑抗震鉴定与加固规程》DGJ 08—81，并结合实际，规定木构架加固不用抗震验算，其他结构应进行验算。现行国家标准《木结构设计标准》GB 50005 对于其他方木原木结构、胶合木结构和轻型木结构应进行抗震验算的主要规定如下：

1 轻型木结构进行抗震验算时，水平地震作用可采用底部剪力法计算。相应于结构基本自振周期的水平地震影响系数 α_1 可取水平地震影响系数最大值。

2 以剪切变形为主，且质量和刚度沿高度分布比较均匀的胶合木结构或其他方木原木结构的抗震验算可采用底部剪力法。其结构基本自振周期特性应按空间结构模型计算。

3 对于扭转不规则或楼层抗侧力突变的轻型木结构，以及质量和刚度沿高度分布不均匀的胶合木结构或其他方木原木结构的抗震验算，应采用振型分解反应谱法。

4 计算地震作用时，建筑的重力荷载代表值应取结构及构配件自重标准值和各可变荷载组合值之和。各可变荷载的组合值系数应按表 1 的规定采用。

表 1　组合值系数

可变荷载种类		组合值系数
雪荷载		0.5
屋面活荷载		不计入
按实际情况计入的楼面活荷载		1.0
按等效均布荷载计算的楼面活荷载	藏书库、档案库	0.8
	其他民用建筑	0.5

5 木结构建筑的地震影响系数应根据烈度、场地类别、设计地震分组和结构自振周期以及阻尼比，根据现行国家标准《建筑抗震设计规范》GB 50011 和现行上海市工程建设规范《建筑抗震设计规程》DGJ 08—9 的相关规定确定。木结构建筑地震作用计算阻尼比可取 0.05。

3.3 加固方法

3.3.1 本条规定了加固方法选择的考虑因素。其中，预期加固效果主要指加固后结构与原结构的结构行为和结构的美观性；材料特性主要指加固材料的耐久性，以及与原材料的长期相容性；从对环境的影响方面考虑，选择的加固材料不得危及人畜安全，不得污染环境。选择和使用新技术、新材料时要充分证明其可行性。

加固材料的耐久性判断，必须考虑到材料对环境因素(湿度、温度)的耐用性以及火灾等非常规行为，应仔细评估个体材料性能和所创建的复合体系以及每种材料及其衰变对整个系统的影响。每种材料的应变性能之间的差异可能会造成的后果分析。应考虑以下内容：

1 正确设计材料之间的连接，应优先考虑连接的实现，并考虑使用的材料的本构行为。

2 考虑到温度和湿度的变化，在使用条件下的应力限制下确保所有涉及材料的可接受应力状态。

3 通过采用能够轻松保护材料免受环境和意外因素影响的材料，避免使用额外的保护材料，从而保护加固的有效性。

4 必须特别注意施工阶段执行情况。

5 加固措施必须允许木材与外部环境交换湿度，避免界面上的水份沉积。确保结构的适当通风，主要是支撑在外墙和梁上部的梁，避免水停滞和凝结。

3.3.2 增强构件，即增大截面面积或增强构件强度，以提高结构承载力或满足正常使用。包括使用木材、钢材、纤维复合材(FRP)等加固。可广泛用于梁、柱、板等构件的加固。使用木材构件增大截面，可通过在原构件上添加新的木构件实现，使用榫卯或金属连接件连接两个构件(图1)。

可以在木构件的任何一侧添加或插入钢筋、板材或型材，提高其承载能力(图2和图3)。位置可在受拉区、受压区或者二者都放。在用板材或型材加固木材的情况下，使用钢螺栓、螺柱或销钉连接。用棒材插入加固时，使用改性环氧树脂胶粘剂粘合。

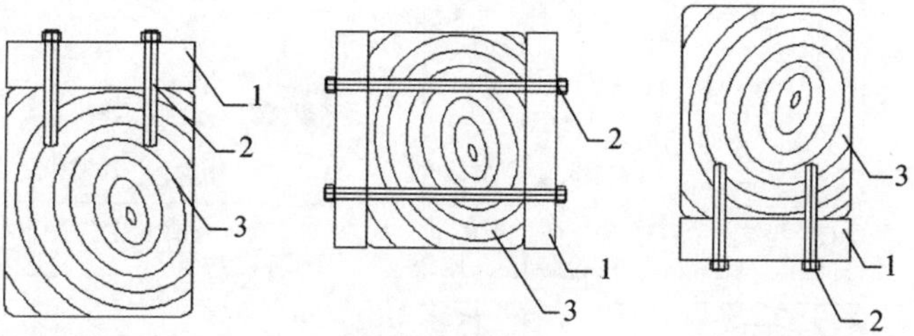

(a) 示意Ⅰ型　　(b) 示意Ⅱ型　　(c) 示意Ⅲ型

1—增强木材;2—螺栓;3—梁、柱或板

图 1　增大截面法

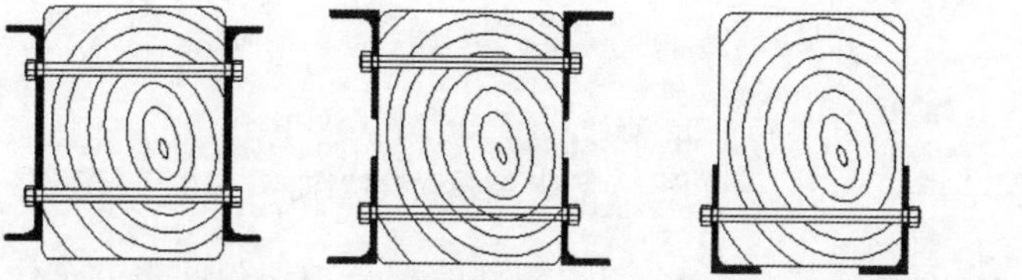

(a) 横向应用的截面　(b) 横向应用的截面　(c) 应用于受拉区的截面

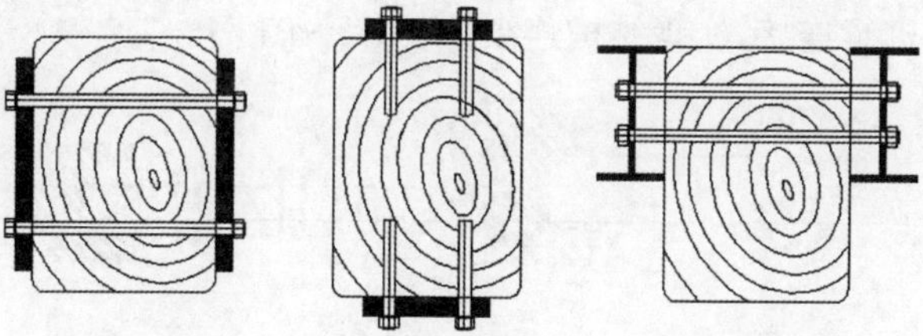

(d) 板材横向应用的截面　(e) 受拉区、受压区应用的截面　(f) 受压区(横向)应用的截面

图 2　钢材加强弯曲构件

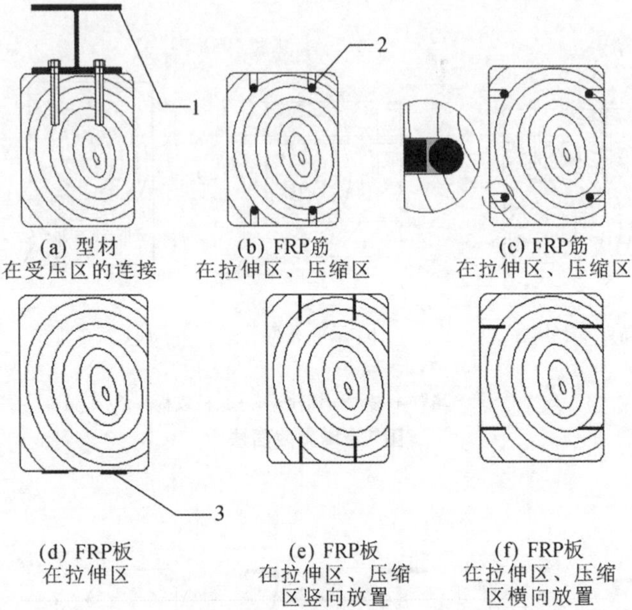

1—FRP 型材；2—FRP 筋；3—FRP 板

图 3　FRP 加强弯曲构件

3.3.3　局部修接，即一个单一构件的部分被切割并被一个代替它的功能的构件所取代，可以使用木材、钢材、FRP 和改性环氧树脂胶粘剂进行连接，实现结构连续性（图 4～图 6）。

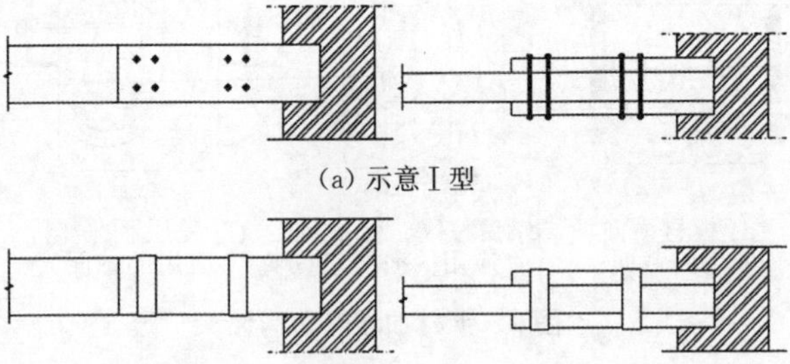

图 4　梁端部局部修接示意

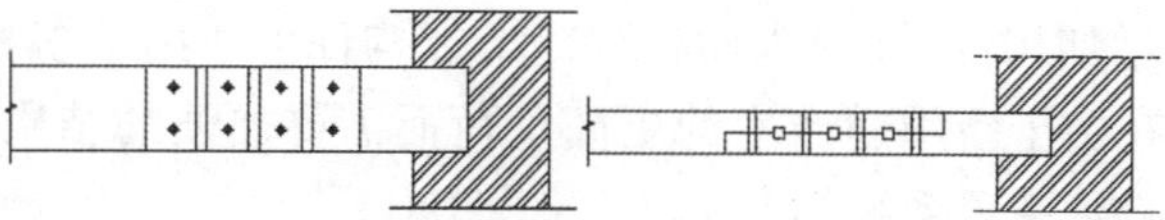

(a) 示意Ⅰ型

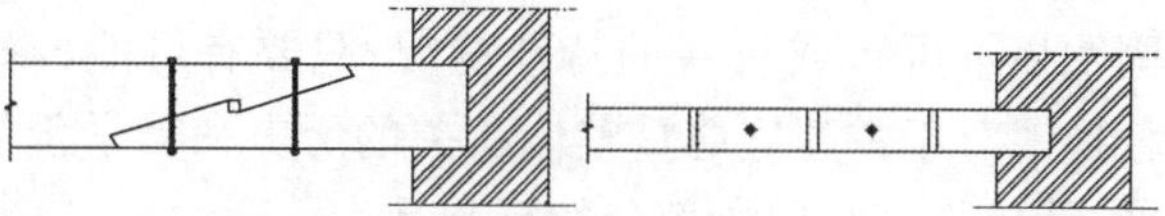

(b) 示意Ⅱ型

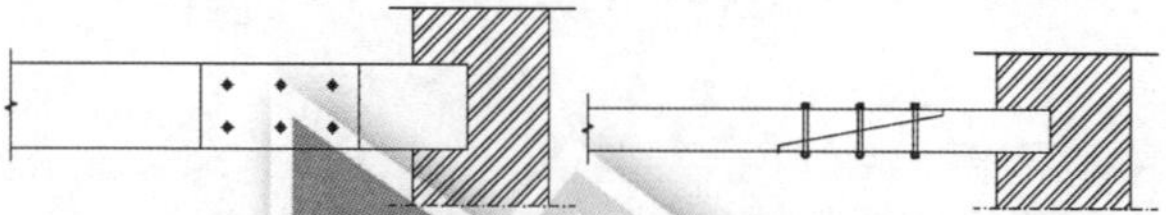

(c) 示意Ⅲ型

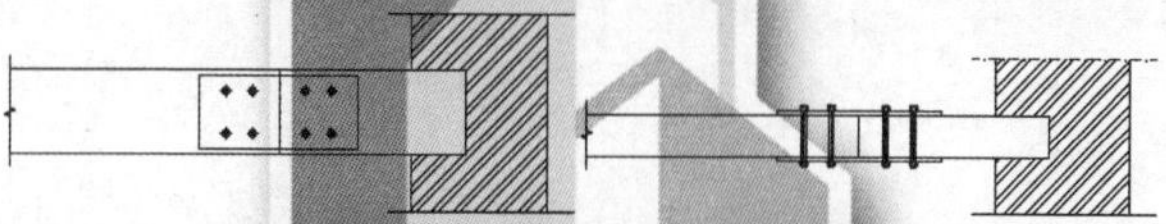

(d) 示意Ⅳ型

图 5　木材、钢材局部修接示意

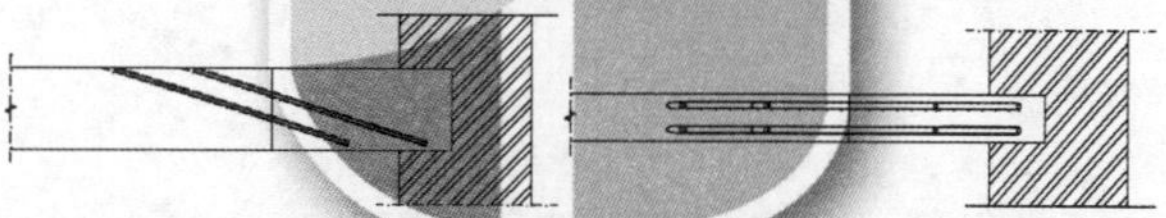

(a) 示意Ⅰ型

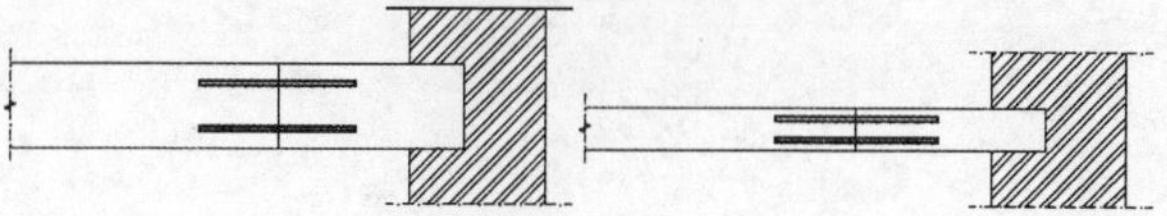

(b) 示意Ⅱ型

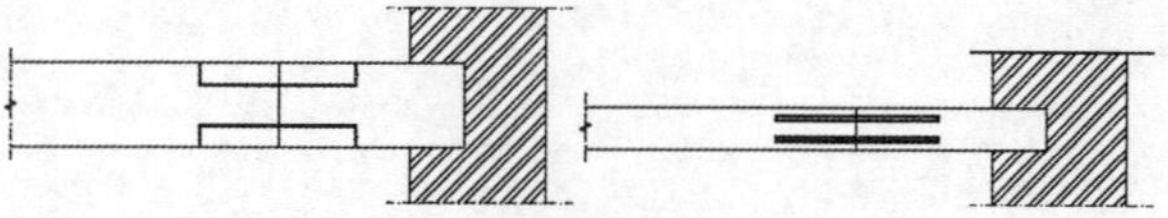

(c) 示意Ⅲ型

图 6　FRP 连接的局部修接示意

3.3.4 增加构件,即引入新构件。增加构件可适用于多种情况,特别是在由于新用途产生的更高负荷而需要加强的结构的情况下,如地板、屋顶系统等。

3.3.5 置换构件,即拆除再重新组装或更换构件,适用于以其他方式加固明显不可行或有害的特殊情况,只要有可能,修理应该优先于替换。对于古建应尊重整体相关的历史和美学价值,如果需要替换,替代物宜是原始部分的复制品。

4 材 料

4.1 木 材

4.1.1 采用与原结构材料接近的木材进行加固有利于新旧材料协同工作，特别是在长期荷载下，相同或类似材料的工作性能较好。

4.1.2 木材的种类繁多，且产地各异，木结构加固选择的木材应符合相关材料产品标准，设计验算时应按相关标准选择材料设计值。考虑到现在我国木材产品大量依赖进口，在缺少国内标准时，可以参考国外标准或相关标准，但需要经过认可。

4.1.3 木材含水率是指木材中所含水分的质量占其烘干质量的百分比。木材在含水率变化时有明显的干缩湿胀变形，如果加固材料与原结构材料含水率相差较大，在施工结束后，含水率变化可能会产生湿度应力，严重时会导致开裂或连接失效。

4.2 钢材及金属连接件

4.2.1 本条规定了木结构加固工程中所使用的钢材及金属连接件的材料要求。本标准主要对与木材共同工作的钢材及金属连接件进行规定，对于其他可能用到的金属材料，比如焊条、高强螺栓等不在本标准中进行规定，使用者可以参考现行国家标准《钢结构设计规范》GB 50017 等其他标准进行选择使用。木材的强度和弹性模量远低于钢材，在选择钢材及钢连接件时要特别注意并非强度越高越好，要考虑钢与木的协调工作，避免由于木材破坏而发生脆性破坏。

4.3 纤维复合材

4.3.1 当进行材料性能检验和加固设计时，纤维织物截面面积应按纤维的净截面面积计算。净截面面积取纤维织物的计算厚度乘以宽度。纤维织物的计算厚度应按其单位面积质量除以纤维密度确定。纤维密度由厂商提供，并应出具独立检验或鉴定机构的抽样检测证明文件。单向纤维复合板应按不扣除树脂体积的板截面面积计算。

4.3.3 纤维复合材的抗拉强度标准值和纤维复合材层间剪切强度适配性检验可参照现行国家标准《工程结构加固材料安全鉴定技术规范》GB 50728 附录进行检测。纤维复合材与木构件的正拉粘结强度适配性检验可参照现行国家标准《工程结构加固材料安全鉴定技术规范》GB 50728 附录相关正拉粘结强度的试验方法和试验设备进行，也可依据第三方检测确定。

4.4 胶粘剂

4.4.2 本条对于承重结构加固用的胶粘剂进行了相关规定，对于灌注填充等用的不饱和聚酯树脂、醇酸树脂等材料，对其结构性能不作规定。

4.4.3 现行国家标准《工程结构加固材料安全鉴定技术规范》GB 50728 对与承重木结构加固用胶粘剂的粘结性能和耐环境作用性能进行了相关规定，木结构加固所用材料应满足该标准要求。

4.5 其他材料

4.5.3 本标准未包含所有木结构加固工程可能用到的所有材料，

其中一部分材料为常规材料，如混凝土、砂浆，灌注填充等用的不饱和聚酯树脂、醇酸树脂、改性环氧树脂等高分子材料，使用者应参考现行国家或行业标准进行选用；另一部分为新材料，缺乏相关标准，应开展必要的验证试验，并且要对试验结果进行论证，或提交相应机构认可、备案。另外，考虑到木材的特性，在使用时要结合木结构的特点对材料的施工工艺或其他参数进行必要调整，避免对木材造成二次损伤。

5 方木原木结构加固

5.1 设 计

5.1.1 本章中方木原木结构的加固包括木构架的加固、梁式构件的加固、柱的加固、木屋架的加固和连接的加固。在加固前，应结合检测鉴定结论，现场检查此类构件的工作状态。

5.1.7 根据相关文献资料，如西安交通大学马建勋的《碳纤维布加固木梁抗弯性能》，通过对木梁的破坏试验，结合国内外研究成果，得到结论如下：粘贴碳纤维布能有效地提高木梁的极限承载能力，提高幅度大约在 20%，而且会随配布率的增大而增大，但不会线性增大；能提高木梁的刚度，减小挠度。南京工业大学《FRP 加固木梁受弯承载力计算》试验结论为：加固木梁受弯承载力随受拉区加固层层数的增加而增加，其中受拉区粘贴 1 层 CFRP 可使木梁受弯承载力提高达 32%，粘贴 3 层 CFRP 可使木梁受弯承载力提高达 80%以上。西南科技大学《FRP 加固木梁受弯承载力与挠度研究》结论表明：采用 1 层 CFRP 加固木梁，极限承载力提高了 8.7%，2 层 CFRP 加固木梁极限承载力提高 24.7%。东南大学《碳纤维布加固松木梁受弯试验》基于试验数据和有限元计算结果，提出碳纤维布加固松木梁抗弯承载力的计算公式，结果表明：松木梁经碳纤维布加固后，其抗弯承载力提高幅度为 12.9%～34.5%。上述相关研究表明纤维复合材能够有效增强木构件受弯承载力，综合考虑正截面承载力的提高幅度不应超过 30%。本条规定采用粘贴纤维复合材加固时，其正截面承载力的提高幅度不应超过 30%，其目的是为了控制加固后构件长期蠕变，也是为了强调“强剪弱弯”设计原则的重要性。

5.2 木构架加固

5.2.5 金柱是指檐柱以内，但不在建筑物纵向中线上的柱子。半银锭榫是指一种榫头外大内小、卯口外小内大的榫卯，又称燕尾榫。

6 胶合木结构加固

6.1 设 计

6.1.1 本章主要包括支撑加固、桁架加固、梁式构件加固、木柱加固和连接节点加固。加固前,应结合检测鉴定结论,现场检查此类构件的工作状态。

6.1.4 本条规定受弯木构件采用粘贴钢板加固、螺栓连接钢板加固和粘贴纤维复合材加固时,其正截面承载力的提高幅度不应超过30%。其目的是为了控制加固后构件的长期蠕变,同时也是为了强调“强剪弱弯”设计原则的重要性。

6.2 支撑和木桁架加固

6.2.1～6.2.5 本节包括整体结构的增设支撑加固和原支撑的损伤加固,支撑类型包括木支撑、普通钢支撑和屈曲约束支撑。

7 轻型木结构加固

7.1 设 计

7.1.1～7.1.3 本章包含轻型木结构或混合结构中楼盖屋盖加固、剪力墙加固、木桁架加固和连接加固。轻型木结构中如有梁、柱构件加固设计及其他要求，应符合本标准第5、6章相关规定。加固前，应结合检测鉴定结论，现场检查此类构件的工作状态。

7.3 剪力墙加固

7.3.1～7.3.2 采用钢构件、纤维复合材等对角斜贴在木框架上，或者木基结构板增强加固木框架，是为了增加剪力墙整体性和刚度。现行国家标准《木结构设计标准》GB 50005附录给出了钉连接和剪力墙性能指标的规定，减少钉间距能有效提高剪力墙性能。

8　施工安全与质量

8.1　施工安全

8.1.4　本条参考了在编国家标准《木结构通用规范》(征求意见稿)。木结构加固中涉及钢板加固,且多为现场加固,可能会涉及现场施焊操作,操作时应做好防护工作。

8.2　施工质量

8.2.5　纤维复合材与木构件粘结质量的空鼓率检测宜采用小锤敲击法检查。出现空鼓时可采用针管注胶的方法进行修补。当空鼓面积较大难于采用针管注胶修补,宜将空鼓部位的纤维复合材切除,然后应重新处理基层,并搭接粘贴等量的纤维复合材。